寂静的春天

〔美〕蕾切尔·卡森◎著
毛　平◎译

李晓燕◎主编

青岛出版集团 | 青岛出版社

图书在版编目（CIP）数据

寂静的春天 /〔美〕蕾切尔·卡森著；毛平译 . — 青岛：青岛出版社，2021.11
（名著点读）
ISBN 978-7-5552-9289-0

Ⅰ.①寂… Ⅱ.①蕾… ②毛… Ⅲ.①环境保护－普及读物 Ⅳ.① X-49

中国版本图书馆 CIP 数据核字（2021）第 132699 号

MINGZHU DIANDU · JIJING DE CHUNTIAN
书　　名　名著点读·寂静的春天
著　　者　〔美〕蕾切尔·卡森
译　　者　毛　平
主　　编　李晓燕
出版发行　青岛出版社（青岛市崂山区海尔路182号）
本社网址　http://www.qdpub.com
邮购电话　0532-68068091
责任编辑　刘　冰
封面设计　戊戌同文
排　　版　青岛乐喜力科技发展有限公司
印　　刷　青岛国彩印刷股份有限公司
出版日期　2021年11月第1版　2023年9月第2版第4次印刷
开　　本　16开（787mm×1092mm）
印　　张　15
字　　数　300千
书　　号　ISBN 978-7-5552-9289-0
定　　价　45.00元
编校印装质量、盗版监督服务电话　4006532017　0532-68068050

目录

第一章 明天的寓言

美国中部曾有一座小城，那里的一切生物与周遭的环境相处十分融洽。小城的周围是排列整齐的生机勃勃的农场。庄稼在农田里欢快地成长，果树在山上结出累累硕果。春天，白色的小花在绿色的原野上肆意生长，宛若蓝天上的朵朵云彩；秋天，橡树、枫树和白桦仿佛在松林中点燃了炫目的火焰。狐狸在山间发出各种叫喊声，而小鹿则在漫天雾霭的庇护下悄无声息地穿过寂静的原野。

小路两边满是月桂、荚蒾、赤杨、巨型蕨类植物和野花，让路过的人一年四季都感到神清气爽。即使在冬天，道路两旁的景色依然诱人。无数的鸟儿从远方飞来，啄食雪地里的浆果和干草籽。这里确实也因鸟类的数量和丰富品种而声名远播。每年的春天和秋天，不管远近，人们都前来观赏迁徙的候鸟蜂拥而至的壮观景象。清澈的溪水从山中潺潺流出，在绿树掩映下汇聚成许多小池塘，引得不少垂钓者前来钓肥美的鳟鱼。如果不是首批居民在多年前过来盖房、挖井、建粮仓，这里的静谧景象将一直延续下去。

突然之间，这里仿佛中了恶魔的诅咒：一场神秘莫测的瘟疫在鸡群中肆虐，牛、羊也陆续患病、死亡，死神的威胁无处不在。瘟疫成为农民家中的主要话题。小城里的医生被瘟疫搞得一筹莫展。成人和孩童也都出现了一些离奇的死亡事件，甚至有些孩子在玩耍时突然倒了下去，连几个小时都没能挨过。

一种说不清、道不明的寂静笼罩了整个小城。鸟儿也不再光顾,不再前往后院觅食。许多人谈起这件事会表现出彷徨和无助。有些地方还能见到几只奄奄一息的鸟儿——浑身颤抖,已然无法张开翅膀。春天变得安静异常。过去,知更鸟、猫鹊、鸽子、松鸡、鹪鹩在黎明时分就开始集体大合唱。现在,这里甚至听不到任何鸟类的歌唱声。田野、树林和沼泽全都笼罩在一片死寂之中。

农场里的母鸡一如既往地孵蛋,却没有小鸡能够破壳而出。农民们对养猪也怨声载道——新生的猪仔不但个头小,而且只有几天活头。苹果树即将进入花期,奈何由于缺少了在花丛中飞舞的蜜蜂,授粉和结果也就无从谈起。

一度让人心旷神怡的小路两旁,如今就像经历过一场森林大火,满是焦黄、枯萎的草木。这里也是死一般寂静,连往日潺潺的小溪流也失去了生机。河里的鱼儿早已不见踪影,垂钓者也不再前来。

屋檐下的排水槽里和屋顶上的瓦片中间还有一种白色的颗粒状粉末残留。就在数周之前,它们像雪花一样飘落在屋顶、草地、原野、小溪上面。

这不是传说中的魔法,也不是敌人的毁灭活动,而是人类对自己脚下的这片土地下了毒手,把这里的一切全部扼杀。

现实中,这个小城并不存在。但是,在整个美国甚至全世界,这样的小城数不胜数。没有哪个小城经受过上面所描述的全部灾祸,我对此心知肚明。但是,有些灾祸的确已经在某些地方出现,并造成了很严重的后果。可怕的幽灵正一步步向我们袭来,那些想象中的悲剧很可能变成活生生的现实。

到底是什么原因使美国无数小城的春天如此寂静无声?这本书会尝试着给出答案。[1]

[1]本章以前后对比的手法,写小城的春天由“生机勃勃”变为“死一般寂静”,最后一句设问水到渠成,吸引读者跟随作者去探究答案。

第二章 忍耐的义务

地球的生命史就是一部生物与其生存环境相互作用的历史。地球上动植物的自然形态和生活习性基本都是由环境塑造的。在地球发展的漫长时光里，动植物对环境的反作用根本不值一提。一直到20世纪，情况才逐渐有所改变——人类获取了改变自然的“超能力”。

过去的25年，这种能力不仅增长到令人恐怖的程度，甚至连本质都开始产生变化。人类向空气、土地、河流以及大海中排放了大量危险的、致命的污染物，从而严重破坏了环境。这些污染物所产生的污染基本上是无法补救的，其引发的恶性循环也是不可逆的，所有生物及其赖以生存的地球都没能幸免。在当下这个全球性污染的环境中，在改变自然界和自然界生物本质的过程中，化学药物的危害与辐射相比甚至有过之而无不及。核武器爆炸所产生的化学元素锶-90会随着雨水或者浮尘渗入土壤，被土壤里的野草、玉米、小麦吸收，最终侵入人类的骨骼，直到生命消亡。同理，洒向农田、树林、花园中的农药也会长时间在土壤中留存，然后侵入生命体，引发一系列中毒和死亡事件。或者，它们会随着地下水秘密转移，重新来到地面，在阳光和空气的共同作用下产生变异，危害蔬菜和家畜，让那些从干净的水井里饮水的人受到无形的伤害。正如阿尔贝特·施韦泽[①]所说：“人类恰恰很难发现自己亲手创造的恶魔。”

① 阿尔贝特·施韦泽（Albert Schweitzer，1875—1965），德国医学家、音乐家、医师，获1952年诺贝尔和平奖。

地球经过亿万年的沧海桑田，才孕育出了现今的生物——在这漫长的时光里，生物不断发展、进化、演变，最终与其周遭的环境相和谐、相平衡。在这个严格塑造并影响着生物的环境中，有利因素和有害因素和谐共生。某些特定的岩石会产生危险的辐射，即使在给所有生物提供能量的太阳光中也有伤害性的短波辐射。如此形势下，生物会主动调整以达到一种平衡的状态。但是，这可能需要成千上万年的时间。时间这个要素不可或缺，然而，现代社会最缺少的恰恰就是时间。[1]

[1] 与其说缺少的是时间，不如说缺少的是对自然的敬畏之心，而这源于人类急功近利的心态。

人类鲁莽而又急功近利的表现导致新的状况层出不穷且变化极快，也让大自然调整的步伐失去了从容的姿态。辐射已不仅仅局限于地球出现生命之前的岩石本底辐射、宇宙射线和太阳紫外线等天然辐射，还包括人类篡改原子结构而产生的辐射。生命体要调整自己来适应的化学物质，也不仅仅局限于从岩石上冲刷下来的、经河流进入大海的钙、硅、铜以及其他无机物，还包括人类在实验室中用创造性思维发明的人工化合物——在大自然中找不到任何与其相对应的物质。

从大自然的角度来说，适应这些化学物质所需要的时间是漫长的，可能需要耗费几代人的时间。即使奇迹出现，让这种适应变成可能，它所带来的结果也是徒劳的。因为实验室制造新的化学物质的脚步从未停歇。仅在美国每年就会有 500 种新化学物质投入使用。这个数字很惊人，其产生的后果也不堪设想——每年，人类和动物的身体需要适应 500 种新的化学物质，而这些化学物质是生物体远远无法承受的。

这其中，很多化学物质被应用于人类对抗自然的斗争中。20 世纪 40 年代中期以来，人类研制了 200 多种基础化学药物，用来对付昆虫、杂草、啮齿动物以及其他被现代人称作“害虫”的生物。这些化学药物又被冠以数千种品牌而进行售卖。

如今，这些喷剂、粉剂、气雾剂已被广泛应用在农场、果园、森林和家庭之中。这些化学药物的威力巨大，能够轻易杀死所有益虫和害虫，能够让鸟儿停止歌唱，让鱼儿不再跳跃，让树叶蒙上致命的毒膜，并最终留在土壤里——只为除掉部分杂草或者昆虫。如此大量的药物洒向地球表面，如果说对地球生物的伤害微乎其微，有人会信吗？它们的名字也许不应该叫“杀虫剂”，而应该叫“杀生剂”。[2]

[2] 由“杀虫”而“杀生”，一字之差，揭示了化学药物对地球生物的伤害之大。

药物的使用是一个呈螺旋式递增的过程。自从 DDT② 的民用权限放开以来，由于人们需要找到毒性更强的药物，这个过程不断恶化、升级。之所以出现这种状况，根据达尔文的进化论，是因为昆虫会对新的药物产生抗体。此后，人类只能重新研发更致命的药物。出现这种状况的原因，详细解释如下：药物使用过后，害虫通常会“东山再起”，且数量比之前更多。如此一来，化学药物的战争根本没有赢家，所有生物无一例外都被卷入其中。

除了核战争能够让人类灭亡的威胁，我们这个时代的另一个威胁是，人类的整个环境已经被难以置信的潜在有害物质所污染——这些物质在动植物体内积聚，甚至会侵入生殖细胞，从而破坏或改变决定生物未来的遗传物质。

有些展望人类未来的设计师一直期盼通过设计改变人类基因的那一天会到来。然而现在，我们似乎轻而易举就能达成梦想，因为很多化学药物会像辐射一样导致基因突变。

② DDT，化学名为双对氯苯基三氯乙烷，是有机氯类杀虫剂。

人类竟然能够通过选择杀虫剂这种小事儿来决定自己的未来，何其讽刺！

人类冒这么大的风险，目的是什么呢？未来的历史学者们肯定会为我们的辨别力感到困惑。人类如此聪慧，缘何只为了控制一些不受待见的物种就选择污染环境，让自己承担染病甚至死亡的后果？然而，人类恰恰这么做了，而且根本就没有站得住脚的理由。在人类的认知中，大规模、大范围使用杀虫剂是确保土地产量的必要措施。难道我们遇到的真正问题不是“产量过剩”吗？尽管政府已采取措施减少耕地面积，并给农民发放补贴让其减产，但是产量过剩的问题依然让人头疼。1962 年，美国为解决粮食过剩的问题竟耗费了纳税人十几亿美元。现实的局势更加不容乐观。农业部的一个部门试图执行减产政策，另一个部门就会像 1958 年那样进行阻挠：“土壤银行计划下的耕地面积缩减，通常会提升农民使用化学药物的兴趣，以提高现有耕地的亩产量。”

当然，这并不是说虫害问题不存在，或者不需要控制。我的意思是，防控必须立足现实，不能凭空想象，采取的措施也不能将我们自己连同害虫一起消灭掉。

人类试图解决这个问题，但随之而来的却是接连不断的灾难，这似乎是现代文明社会进步的必然产物。早在人类出现以前，昆虫就在地球上生活——它们种类繁多，适应性极强。而在人类出现之后，50 多万种昆虫中的一小部分与人类利益发生了冲突，主要表现在两个方面：抢夺食物和传播疾病。

在人群密集的地方，尤其是发生自然灾害时、战争期间以及极端困苦的环境下，卫生条件相对恶劣，携带病菌的昆虫变得越来越麻烦。在这种情况下，人类有必要采取适当的防控措施。但是,我们也应该很清醒地认识到,大规模、大范围地使用化学试剂,不仅成效甚微,甚至可能使原有的条件更加恶化。[3]

[3]遗憾的是,能“很清醒地认识到”的人少之又少。

在原始农业状态下,农民极少受昆虫问题的困扰。这个问题随着农业集约化——大面积种植同一种作物——而产生。集约化为单一品种的昆虫数量暴增提供了有利条件。单一种植与自然发展的规律不符,是农业工程师凭空规划的产物。大自然赋予土地多样性,而人类却只想简化它。如此一来,大自然固有的制约与平衡机制就会遭到破坏,也就无法将所有物种都控制在平衡范围之内。而自然平衡的一个重要表现就是让每一个物种都在适宜的范围内生存。道理很明显,一种以小麦为食的昆虫在麦田中繁殖的速度,比在小麦与它不太适应的其他作物混种的农田中繁殖起来要快得多。

这种情况是有实例佐证的。一代人甚至更久之前,美国各大城镇的街道两旁整齐排列着榆树。现在,人类满怀希望打造的美丽景观正遭受完全毁灭的威胁:一种由甲虫携带的病毒扫荡了全部榆树。如果榆树中能够掺杂其他品种的树木,那么甲虫肆意繁殖并使得病毒广泛传播的机会就会大大减少。

当前昆虫问题的另一个成因必须放到地质学和历史学的背景下来考虑:成千上万种生物从原生地出发去占领新领地。英国生态学家查尔斯·埃尔顿在其新书《动植物入侵生态学》中对这种世界性迁徙进行了研究和生动描述。在亿万年以前的白垩纪,肆虐的海水切断了各大洲之间的路桥,许多生物发现自己被禁锢在埃尔顿所说的“巨大的、独立的自然保护区”之中。在那个与自己同类相隔绝的地方,它们进化出许多新物种。大约1500万年以前，被隔离的大陆块重新连通，这些新物种开始向新的领地迁移——时至今日，这种迁移不仅没有中断，反而得到了人类的"大力支持"。

当下物种迁移的主要媒介是植物进口，因为动物经常会随着植物迁徙。虽然检疫手段不断更新，但收效甚微。据统计，仅美国植物引进署一个部门就从世界各地引进了近20万种植物。美国的180多种主要植物害虫中，近半数是搭乘进口植物的"便车"从国外意外进来的。

在新的领地之中，缺少了原生地天敌的压制，这些进口的动植物会表现出令人难以想象的繁殖能力。可以断定，最难控制的那些昆虫都是外来物种。

这些入侵不管是天然产生的还是在人类的推动下造成的，都会永无休止地继续下去。检验检疫和大规模使用化学药物进行防控，不过是在耗费金钱来拖延时间。埃尔顿博士的观点是，"在这个生死抉择的关头，人类所需要的不仅仅是找到遏制某种植物或者动物的新科技手段"，相反，人类更需要掌握有关动物繁衍以及它们与周边环境关系的基础知识，以此"促成新的平衡，减少虫害的暴发并防范新物种入侵"。

很多此类的基础知识都可以拿来应用，但我们却对其视若无睹。高校会专门培养生态学者并让其受聘于政府部门，但是这些学者的建议却鲜有人听。我们放任致命的化学药剂像雨水一样洒落，仿佛根本没有其他选择。实则不然，可行的办法很多。只要条件充足，人类凭借自己的聪明才智一定可以发现更多行之有效的办法。

人类是不是已经陷入一个怪圈，迫使自己接受低劣、有害的东西，而失去了判断优劣的意志与能力？这种想法，用生态学家保罗·谢帕德的话说，就是"把当前这种处在破坏边缘的环境理想化了……为什么我们要忍受带有微量毒素的食物？为什么我们要忍受自己住在枯燥的环境中？为什么我们要忍受那些不能亲密接触的生物？为什么我们要忍受令人抓狂的摩托车马达的轰鸣？难道只要这个世界还不致命，我们就能接受勉强过活？”

然而这样的世界正一步步向我们靠近。一场建立一个化学无菌、免除虫害的世界的运动，让许多专家和所谓的环境保护机构陷入了狂热之中。各方面的证据都显示，这些热衷喷洒农药的个人和机构都在滥用职权。康涅狄格州的昆虫学者尼利·特纳说：“那些具有监管权的昆虫学者……集合起诉人、法官、陪审员、估税员、收款员和司法行政长官等各种角色于一身，推行自己发布的命令。”州政府和联邦政府竟然对这些昭然若揭的行为放任不管。

我并不主张禁用化学杀虫剂。我所反对的是，我们把有毒的活性化学药物不加区分、不限数量地交到那些对其危害茫然无知的人们手中。民众在未表示同意甚至毫不知情的情况下，被迫使用有毒农药。如果《权利法案》中没有规定“公民有权免受个人或政府官员使用的有毒农药的伤害”，那只能说，我们的前辈虽有远见卓识，却怎么也想不到会出现这样的问题。

我还要强调，这些化学药物已经投入使用，但我们却几乎没有调查过它们对土壤、水、野生生物和人类自身的危害。我们对于养育万物的自然界如此缺乏关切，子孙后代一定不会原谅我们的过失。

人类对于自然界所受到的危害认知有限。在这个专家泛滥的时代，每个专家只盯着自己的专业领域，意识不到或者不愿意把这个问题放到更大的框架中去思考。在这个工业主宰一切的时代，只要能赚到钱，即使代价再大也难受非议。当民众因为杀虫剂引起的一些显著危害而进行抗议时，政府就会用一些半真半假的话安抚他们。这些伪善的安抚和掩盖丑恶事实的企图应该立即停止。民众要承担昆虫管理者决策失误带来的风险。至于是否愿意在这条错误的道路上继续走下去，必须由民众来做出决定，不能对他们有丝毫隐瞒。正如让・罗斯丹③所说，"正因为我们承担了忍耐的义务，所以我们也拥有知情的权利"。[4]

[4]本章标题意味深长。作者通过分析化学杀虫剂产生的背景及相关利害，告诉人们一个事实：普通民众由于认知有限，不得不在政府和"专家"的推动下，大量使用化学杀虫剂，"义务"地忍耐着管理者决策失误带来的巨大风险，广大普通民众实际上是泛滥的化学杀虫剂的最终受害者。

③让・罗斯丹（Jean Rostand，1894—1977），法国生物学家、科普作家。

第三章 死神的特效药

如今的人类,从出生到死亡,都不可避免地要接触危险的化学药物,这在历史上尚属首次。投入使用仅仅不到20年的时间,化学杀虫剂已经无处不在。人类从大部分重要的水系甚至肉眼看不到的地下潜流中检测到了它们的存在。十几年前使用过的化学药物在土壤里仍然会有残留。它们侵入鱼类、鸟类、爬行动物以及家畜和野生哺乳动物的躯体内并潜伏下来。科学实验证明,没有动物能够幸免于难。这些药物广泛存在于荒郊野岭的湖泊里的鱼类体内、在泥土中蠕动的蚯蚓体内、鸟蛋中甚至人类体内。现在,这些药物残留在大多数人体内,它们会出现在母乳中,也可能出现在尚未出世的胎儿的细胞组织中。

归根结底,这种现象的产生是由于化学杀虫剂产业的飞速崛起及繁荣发展。该产业源于第二次世界大战。在化学战争的演进过程中,人类发现一些实验室研发的化学药物能够有效消灭昆虫,这并非偶然,因为昆虫本来就经常作为人类的"替罪羊"来试验化学药物。

这项新发现直接导致人类开始源源不断地合成制造杀虫剂。新型杀虫剂是人类通过精微操控分子、代换原子并改变它们的排列组合方式而被生产出来的——这与战前简单的杀虫剂完全不同。战前的杀虫剂源于砷、铜、铅、锰、锌及其他矿物质的化合物以及干菊花制成的除虫菊、烟草和类似植物中的硫酸烟碱、东印度群岛豆科植物中的鱼藤酮等植物生成物。

这些新的合成杀虫剂的强大生物效能不同于以往任何药物。它们药效强大，不仅能毒害动植物，还能参与生物机体的生理过程，使其发生致命的改变。如此一来，正如我们看到的，它们会毁坏保护身体的酶，阻碍身体借以获取能量的氧化过程，阻滞各器官正常运转，甚至可能使一些细胞产生缓慢而不可逆的变化，进而产生恶性后果。

然而，新研制出来的化学药物的杀伤力逐年攀升。它们用途广泛并将影响扩大到了全世界。仅就美国来说，合成杀虫剂的产量从1947年的12425.9万磅飙升至1960年的63766.6万磅，销售额超过2.5亿美元。但就该产业的远景规划来看，这只是个开始。

因此，一本《杀虫剂详解》便不可或缺。如果人类注定无法摆脱这些药物，还要通过饮食让它们深入自己的骨髓——那我们最好能够详细了解这些化学药物的属性和药效。

尽管第二次世界大战标志着杀虫剂由无机化学药物逐渐转向碳分子的奇妙世界，但有几种旧原料依然没有消减。其中最主要的一种是砷——多种除草剂、杀虫剂的基本成分。砷是一种剧毒无机物质，广泛分布在各种金属矿之中，而在火山、海洋、泉水中也能找到些许含量。砷与人类的关系复杂且历史悠久。由于砷合成的物质没有味道，早在波吉亚家族[①]使用之前，砷就一直被当作投毒的首选。大约两个世纪之前，一位英国医生就发现，烟囱烟灰中的砷与某些芳香烃的合成物是致癌的罪魁祸首。长期以来，人类的慢性砷中毒事件也被记录在册。砷不仅能够污染环境，还会使马、

① 波吉亚家族，14—16世纪有影响力的意大利家族，教皇亚历山大六世及其子女均为该家族成员。波吉亚家族是当时欧洲的宗教、军事和政治领袖，还擅长用毒。

牛、羊、猪、鹿、鱼、蜂等动物生病甚至死亡。尽管如此,砷的喷雾剂、粉剂还是被广泛使用着。美国南部各州在棉花种植区使用过砷喷雾剂之后,其养蜂业几近破产。而那些长期使用砷的粉剂的农民,饱受砷中毒慢性病的折磨。牲畜也因人类使用含砷的除草剂和杀虫剂而受到毒害。从蓝莓种植园飘到附近农场的砷的粉剂,污染溪水,给蜜蜂和母牛以致命伤害,而人类也不能幸免。美国国家癌症研究所的环境致癌专家 W.C. 休珀博士说:“在处理含砷的化合物方面,美国近年来漠视民众健康的做法完全不可取。但凡看过含砷的喷雾剂和粉剂使用方式的人,都会对其印象深刻。”

现在的杀虫剂更加致命。它们主要分为两类:其中一类是以 DDT 为代表的氯化烃,另一类是人类较为熟悉的有机磷杀虫剂,以马拉硫磷和对硫磷为代表。如前所述,这两类杀虫剂有一个共同点——建立在碳原子的基础之上。由于碳原子是整个世界不可或缺的组成部分,两类杀虫剂又被归为“有机物”。要了解它们,我们必须搞清楚它们的构成以及它们转变成致命物质的过程,这与生物的基础化学紧密相关。

碳元素的原子能任意以链、环或其他结构组合在一起,还能与其他物质的原子结合起来。实际上,自然界所有生物,小到细菌,大到蓝鲸,之所以有着令人难以置信的多样性,就是因为碳元素的这种能力。脂肪、碳水化合物、酶和维生素的基本成分是碳元素,复杂的蛋白质分子是以碳原子为基础的。但是,碳元素不单是生物体的专属,也是数量众多的非生物的基本成分。

某些有机化合物只是碳与氢的简单组合,其中最简单的非甲烷莫属。甲烷又叫沼气,是自然界中的水下有机物经细菌分解而形成的。以适当的比例与空气混合,甲烷就变成了煤矿内可怕的“瓦斯”。甲烷的结构有一种简约美,由一个碳原子和依附它的四个氢原子组成:

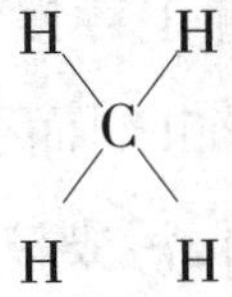

```
H   H
 \ /
  C
 / \
H   H
```

化学家们发现,其中一个或者全部氢原子可以去掉,用其他元素来代替。例如,用一个氯原子取代一个氢原子,便能生成氯甲烷:

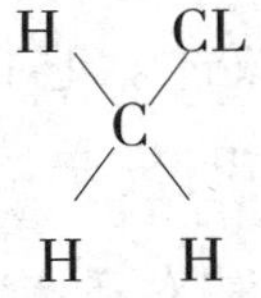

```
H   CL
 \ /
  C
 / \
H   H
```

如果用氯原子替换三个氢原子,便能生成三氯甲烷,即氯仿:

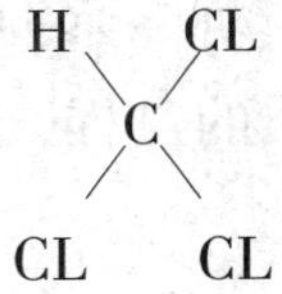

```
H   CL
 \ /
  C
 / \
CL  CL
```

如果用氯原子替换所有氢原子,便能生成四氯化碳,这是一种洗涤液:

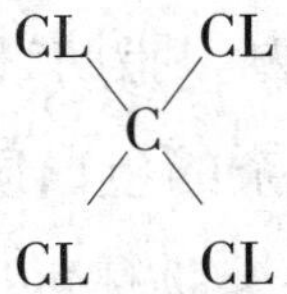

```
CL  CL
 \ /
  C
 / \
CL  CL
```

把术语通俗化来讲,围绕着基本的甲烷分子产生的这些变化,已经说明了氯代烃到底是什么。但是,这还无法解释烃的真正复杂性以及有机化学家创造各种物质的技术手段,因为他们不仅可以改变由单一碳原子组成的甲烷分子，还可以改变由多个碳原子组成的碳水化合物分子。这些碳原子排列成环状或者链状，带有侧链和分支。这些侧链和分支上依附着的不仅仅是简单的氢原子或氯原子，还有多种多样的原子团。一些外观上的细微变化足以颠覆整个物质的特性。因此，碳原子上附着的元素的种类、位置都至关重要。如此精妙的操作催生了大批极具杀伤力的毒药。

1874 年，DDT 由一位德国化学家率先合成。1939 年，它被发现具有杀虫剂的性能。紧接着，DDT 就被誉为虫媒传染病的终结者，可以在一夜之间帮助农民战胜庄稼的病虫害。这一发现的提出者——瑞士化学家保罗·米勒因此而被授予诺贝尔生理学或医学奖。

现如今，DDT 被广泛使用着。绝大多数人将其视为一种无害的家常用品。也许，“DDT 无毒害”的神话源于一个事实：其最初的用处，是在战时以粉剂的形式被撒在成千上万的士兵、难民和俘虏身上，用以消灭虱子。人们普遍认为，既然这么多人和 DDT 密切接触都安然无恙，那它自然是无毒害的。这一误解的根源在于，粉状 DDT 不太容易透过皮肤被吸收。这与别的氯化烃类药物截然不同。DDT 易溶于脂肪。如果被吞咽下去，它会通过消化道被慢慢吸收，甚至被肺部吸收。进入人体之后，DDT 就会大量贮存在肾上腺、睾丸和甲状腺等富含脂肪的器官内，还有一些会留存在肝、肾以及包裹在肠道周围起保护作用的、肥大的肠系膜脂肪内。

这个积存的过程从我们可理解的最小摄入量开始（以残留的形式存在于大部分食物中），一直累积到相当高的贮存量。脂肪含量高的体内脏器起到了一种生物放大器的作用，以致餐食中0.1ppm[②]的摄入量在体内可以累积到10~15ppm，增长了百余倍。这些参考数据对于化学家或者药物学家来说很寻常，但是我们大多数人却对此没有什么概念。1ppm听起来是个很小的数值——事实也确实如此。但是，这些物质的药性极强，微小的摄入量足以引起体内的巨大变化。动物实验表明，3ppm的药量能抑制心肌内一种主要酶的活动；5ppm的药量就会导致干细胞坏死或衰变；仅2.5ppm的DDT同类药物狄氏剂和氯丹也会造成类似的后果。

这些说法完全在情理之中。在人体正常的化学反应中，这样悬殊的因果关系确实存在。比如说，仅仅0.0002g碘就是健康与疾病的差别。由于这些少量的杀虫剂可以慢慢贮存，排泄起来又极其缓慢，所以肝脏与其他器官就会受到慢性中毒及退化病变的威胁。

人体内DDT的贮存上限到底是多少？科学界目前尚无统一意见。美国食品药品监督管理局首席药理学专家阿诺德·雷曼博士说："人体吸收或者贮存DDT的量值，既没有上限，也没有下限。"然而，美国公共卫生处的威兰德·海斯博士却争辩道："人体内的DDT含量有一个相对的平衡点，超量的DDT都被排出体外了。"就实际的目的而言，这两种说法孰是孰非并不重要。我们对DDT在人体内的实际贮存量做过详细调查，结果证明，普通人的体内DDT含量都会造成潜在危害。种种研究的结果表明，从未接触DDT（饮食方面除外）的普通人体内DDT的平均浓度为5.3~7.4ppm；农业工人体内的DDT浓度为17.1ppm；杀虫剂制药厂工人体内的DDT浓度则高达684ppm！可见，现有研究已证明人体

② ppm（parts per million），用溶质质量占全部溶液质量的百分比来表示的浓度，也称百万分比浓度。

内 DDT 储存量值浮动区间巨大。而且,尤为重要的是,人体内 DDT 的微小含量都足以损害肝脏以及其他器官或组织。

DDT 及其同类化学药物危害性很大的特征之一是,它们通过食物链的每一环节从一种有机体传到另一种有机体。例如,人们在苜蓿地里撒了 DDT 粉剂,然后用苜蓿作为鸡饲料,这样鸡蛋中也会含有 DDT。再者,DDT 残余浓度为 7~8ppm 的干草,如果成为奶牛的饲料,那么牛奶中的 DDT 浓度就会达到 3ppm,而用这种牛奶制成的奶油,DDT 浓度高达 65ppm。通过这样一个转移过程,本来浓度很低的 DDT 最终可能达到很高的浓度。美国食品药品监督管理局明文规定,禁止有杀虫剂残留的牛奶进入跨州贸易。但是,有一个很残酷的现实:如今的农民根本找不到没有污染的草料。

毒素还可能遗传。杀虫剂的残留已被美国食品药品监督管理局的专家们从母乳中抽样检测了出来。这就意味着,母乳喂养的婴儿会持续不断地吸入微量有毒化学物质。然而,这并不是婴儿第一次遭遇中毒之险——我们有充分的理由相信,其还是胚胎时就已经开始接触毒素了。动物实验表明,氯代烃类杀虫剂能够轻松突破胎盘这一关卡。胎盘历来是母体内使胚胎与有害物质隔离的防护罩。虽然婴儿通过这种方式吸收的药量通常不大,我们却不能掉以轻心,因为对于毒性,婴儿比成年人要敏感得多。这意味着,现在,普通人体内从生命孕育之初就开始不断积存化学药物。

所有这些事实——毒素的低标准贮存、持续累积以及各种程度的肝脏损伤——使得食品药品监督管理局的专家们早在 1950 年就宣布“很可能一直低估了 DDT 的潜在危害性”。医学史上从未出现过类似情况,最终结果会如何,也无人知晓。

氯丹——另外一种氯代烃——不仅具有DDT所有令人讨厌的属性，还有众多独特的属性。它的残留物质会长久地滞留在土壤、食物或使用过它的物体表面。人们对氯丹防不胜防：氯丹能通过皮肤被吸收，喷雾或者粉屑也会被呼吸道吸收，当然，如果氯丹残留物被吞食，就会被消化道吸收。和其他种类的氯代烃一样，氯丹的残留物质会在体内不断累积。如果实验动物单次进食氯丹浓度为2.5ppm的食物，脂肪内的氯丹浓度很可能飙升至75ppm。

资深药理学专家雷曼曾在1950年对氯丹做过如下描述："它是杀虫剂中毒性最强的药物之一，任何人与其接触后都会中毒。"但是，郊区的居民并没有把这一警告当回事，仍然毫无顾忌地将氯丹掺入除草剂之中。这些郊区居民没有第一时间发病，但是毒素会在他们体内长时间潜伏，数月甚至数年之后才毫无征兆地暴发，届时已经很难查明病因。但是有时候，死神会快速出现。一位受害者不慎将一种氯丹浓度为25%的工业溶液溅到皮肤上，不到40分钟就出现了中毒症状，还没来得及接受医疗救护就去世了。正是由于人们对于氯丹毒性的轻视，此人才错失了抢救的良机。

七氯是氯丹的成分之一，也作为一种独立药剂在市场上流通。它在脂肪里的贮存能力非常特殊。人们只要吃下氯丹浓度为0.1ppm的食物，体内就能检测到残留物。而且，七氯还能够转化为化学性质完全不同的环氧七氯。这个变化的过程可以发生在土壤和动植物的组织里。鸟类实验表明，环氧七氯的毒性更强，是氯丹的4倍。

远在20世纪30年代中期，人类就发现了一种特殊的烃——氯化萘，它能够使因职业原因要与之接触的人罹患肝炎甚至罕见的肝脏绝症。一些电业工人因此而患病致死。

最近，氯化萘还被发现是牛畜所患的一种神秘的致命病症的根源。鉴于这些先例，氯化萘的同族杀虫剂狄氏剂、艾氏剂以及异狄氏剂被列为烃类药物中的毒性最强者也就不足为奇了。

狄氏剂因德国化学家狄尔斯而得名。就人类而言，被吞食后，狄氏剂的毒性是 DDT 的 5 倍；如果其溶液通过皮肤被吸收，毒性则相当于 DDT 的 40 倍。它毒性发作速度快且对神经系统伤害严重，会让患者惊厥，令人谈之色变。中毒的患者恢复极其缓慢，足以表明狄氏剂危害的长期性。同样，狄氏剂也会严重损害肝脏。由于药效持久且有杀虫功能，狄氏剂是人类使用最多的杀虫剂之一。但是它的使用很可能导致野生动物灭绝这样的严重后果。以鹌鹑和野鸡为对象的实验证明，狄氏剂的毒性是 DDT 的 40~50 倍。

狄氏剂是如何在体内贮存、分布或者排泄的，目前仍不得而知。科学家们发明杀虫剂的才智远超人类对相关毒性影响生物体的认识水平。然而，种种迹象表明，狄氏剂像休眠火山似的在人体内积存，等人体面临生理压力需要消耗脂肪时再骤然爆发。我们掌握的大部分知识都来自世卫组织防控疟疾的艰辛斗争。一旦防控疟疾时用狄氏剂取代 DDT（因疟蚊对 DDT 已产生抗药性），喷药人员就会出现中毒症状。病症的发作相当剧烈——半数甚至全部（不同项目中中毒症状各异）中毒人员出现痉挛，甚至有数人死亡。有些人在最后一次接触狄氏剂的 4 个月之后，还会出现惊厥症状。

艾氏剂有一些神秘。尽管它作为独立药剂而存在，却与狄氏剂有着说不清道不明的关联。喷洒过艾氏剂的农田里的胡萝卜竟然有狄氏剂残留。这个变化的过程就发生在机体组织和土壤中。这种炼金术般的变化会导致很多不实的报道。比如,一位化学家知道已经施用了艾氏剂,前来化验它是否还有残留,会错误地以为残留消失殆尽。然而事实是,残留变成了狄氏剂,需要不同的方法才能检测出来。

与狄氏剂一样,艾氏剂也有剧毒,会引起肝脏和肾脏的退行性病变。一片阿司匹林药片剂量的艾氏剂足以让400多只鹌鹑死于非命。而记录在册的人类中毒案例基本与艾氏剂工业处理相关。

艾氏剂与其同类杀虫剂一样给未来留下了很大的隐患——不孕不育症。野鸡吃下少量的艾氏剂,虽不足以致死,但产蛋量锐减,好不容易孵化出的小鸡也仅有几天的寿命。这种影响并不局限于鸟类。遭艾氏剂毒害的老鼠受孕次数减少,生下来的幼鼠也都病恹恹的,活不长久。中毒的母狗所产小崽活不过3天。新生代总是因为母体这样那样的原因而中毒。艾氏剂是否会给人类造成同样的影响,目前还无人知晓。但是,这种剧毒业已通过飞机喷洒到了城郊农田。

异狄氏剂是所有氯代烃类农药中毒性最强的,其化学构成与狄氏剂相似,但是分子结构的细微变化使它的毒性相当于狄氏剂的5倍。异狄氏剂让DDT这个杀虫剂的鼻祖看起来就像无害物质一样:对于哺乳动物、鱼类、鸟类来说,异狄氏剂的毒性分别是DDT毒性的15倍、30倍和300倍。

异狄氏剂投入使用以来,大量鱼类被毒杀,误入喷过药的果园的牲畜被毒死,泉水被严重污染,因此,多个州的卫生部门发出严重警告:异狄氏剂正严重危害着人类的生命!

一起最为悲惨的异狄氏剂中毒事件发生时,仿佛一切都万无一失,因为喷洒前的防护措施做得相当到位。一个刚满周岁的美国小男孩随父母迁至委内瑞拉定居。他们的房子里有蟑螂,搬进去几天后父母二人就用含异狄氏剂的喷雾喷洒了整栋房子。当天上午 9 点喷洒之前,男孩和家里的小狗被带出了门。喷洒结束之后,父母还清洗了家里的地板。下午三四点钟的时候,小男孩和小狗又回到了家里。大约 1 个小时后,小狗开始呕吐、抽搐,很快就死掉了。当天晚上 10 点,小男孩也开始呕吐、抽搐,直至失去知觉。自这次与异狄氏剂接触之后,这个健壮的男孩变成了"植物人"——看不见、听不着且肌肉动辄抽搐,对周遭环境也毫无知觉。在纽约的一家大医院治疗数月之后,男孩的情况没有丝毫改善,也没有任何好转的迹象。主治医师说:"康复的希望很渺茫。"

第二大类杀虫剂——烷基磷酸酯或者说有机磷酸酯,属剧毒药物之列。其自使用以来最主要、最明显的危害是会使喷洒药剂喷雾的人或者意外接触随风飘荡的喷雾、覆盖药剂的植物和废弃农药容器的人急性中毒。佛罗里达州有两个小孩发现了一个空袋子,用它修补了一下秋千。其后不久,两个孩子都死掉了。跟他们一起玩耍的 3 个小伙伴也都患病。这个袋子曾经装过一种杀虫剂——对硫磷,一种有机磷酸酯。检查结果证实,死亡确实是对硫磷中毒所致。同样的事情在威斯康星州也发生过一次。堂兄弟中的一人在院子里玩耍,当时他的父亲在给马铃薯喷洒对硫磷,药雾从农田飘进了院子;另一人跟在叔父身后到谷仓嬉戏,用手摸过喷雾器具的喷嘴。结果两人在同一天晚上离奇死亡。

这些杀虫剂的来历有着某种讽刺意味。虽然一些药物,比如说有机磷酸酯,本身就已广为人知,但直到 20 世纪 30 年代晚期,德国化学家格哈德·施拉德才发现其杀虫属性。几乎同时,德国政府发现这些化学药物能够成为战争中的新型武器,并因此而秘密开展药物研制工作。这些药物中,一些被用来制作致命的神经错乱性毒气,还有一些有着相似结构的被用来制作杀虫剂。

有机磷酸酯杀虫剂以一种奇特的方式作用于生物有机体,能够破坏体内至关重要的酶。不管受害者是昆虫还是恒温动物,受损的都是神经系统。正常情况下,神经脉冲借助一种叫作乙酰胆碱的"化学传导器"在神经间传递。乙酰胆碱是一种在体内履行完必要功能就消失的物质,它的存在时间如此短暂,如果不采取特殊措施,连医学研究人员都无法在其被破坏之前进行抽样实验。这种传导物质的短暂性是身体维持正常机能所必需的。如果一次神经脉冲过后,乙酰胆碱没有被立即破坏,脉冲就会持续沿着一根根神经掠过,乙酰胆碱就会以空前强化的方式尽力发挥作用,使整个身体的运动变得不协调,使人很快出现震颤、肌肉痉挛、惊厥等症状,甚至死亡。

身体对于这种偶发性事件已经准备好了应对方案。当身体不再需要传导物质时,一种叫作胆碱酯酶的保护性酶会在第一时间破坏它,从而使机体达到一种精确的平衡,体内的乙酰胆碱含量就不会到达危险的峰值。但是,与有机磷酸酯杀虫剂接触,胆碱酯酶会被破坏,从而导致乙酰胆碱积聚。若论及对神经系统的损害,有机磷酸酯杀虫剂与天然生物碱毒蕈碱类似,后者存在于一种叫作鹅膏菌的有毒蘑菇中。人如果频繁接触此类有毒物质,体内胆碱酯酶的含量会降低,直至濒临急性中毒。一次轻微的伤害便能成为压垮身体的最后一根稻草。因此,对喷洒农药和频繁接触农药的人进行定期血液检查就变得至关重要。

对硫磷是用途最广的有机磷酸酯之一,也是药性最强、最危险的药剂之一。与其接触后,蜜蜂会变得"狂躁、好斗",做出疯狂的抓挠动作,半小时之内就奄奄一息。有位化学家想以最简单的方式研究能够致死的剂量，于是吞服了微量的对硫磷（约 0.12g），随即全身瘫痪，连事先预备在手边的解药都未够着就身亡了。据说，芬兰人最中意的自杀药物便是对硫磷。近几年，加利福尼亚州平均每年发生 200 多宗对硫磷意外中毒事件。世界范围内，对硫磷的致死事件数量相当惊人：1958 年，印度对硫磷中毒致死事件有 100 余起，叙利亚有 67 起，日本有 336 起。

但是，通过喷雾器、电动鼓风机和飞机作业等方式，美国现在将 700 万磅对硫磷洒向了农田和果园。按照一位医学权威的说法，仅加利福尼亚农场里使用的对硫磷的量就是“毒死全世界人口所需剂量的 5~10 倍”。

人类之所以能够摆脱灭绝的命运，其中一个原因就是对硫磷及其同类杀虫剂分解得相当快。与氯代烃杀虫剂相比，它们在庄稼上的残留时间较短。然而，残留时间再短，也足以导致严重中毒甚至危害生命。在加利福尼亚的河滨市，30 个采摘柑橘的人中，有 11 人得了重病，除 1 人外都被送往医院进行救治。他们的症状是典型的对硫磷中毒。大约 20 天前，柑橘园曾喷洒过对硫磷。在喷洒的 16~19 天之后，其残留物还能使采摘柑橘的人出现干呕、视力严重下降、半昏迷等症状。但是，这绝不是对硫磷残留时间最长的情况。有些 1 个月之前喷洒过对硫磷的柑橘林里也发生了类似的事件，而且，在喷洒了标准剂量的对硫磷 6 个月之后，柑橘皮中仍能发现对硫磷的残留。

对硫磷给在农田、果园里施用有机磷酸酯杀虫剂的工人造成了非常大的危害，迫使那些使用该类杀虫剂的州开始建立实验室，帮助医生进行诊断和救治。医生处理中毒患者时如果不戴橡胶手套，就会有二次中毒的风险。而给患者清洗衣服的洗衣女工同样有危险——衣服上很可能有足以使其中毒的对硫磷残留。

还有一种有机磷酸酯——马拉硫磷，与 DDT 一样声名在外，被广泛应用于园艺、家庭防虫等方面。佛罗里达州的一些社区用其喷洒近百万英亩农田，以消灭一种地中海果蝇。大家普遍认为，马拉硫磷在同类杀虫剂中毒性最小，因此很多人以为其可以任意使用，无须担心后果。而商业广告也加深了人们这种错误的认知。

马拉硫磷"安全无害"纯属臆断。当然，一如既往，这种药物被应用数年之后才有了这个论断。马拉硫磷之所以"安全"，仅仅是因为哺乳动物的肝脏保护能力非凡，使得它能够相对无害罢了。肝脏中的一种酶能够化解马拉硫磷的毒性。但是，如果有什么东西破坏这种酶或者干扰其活动，那么，接触马拉硫磷的人就会受毒素影响。

非常不幸的一点是，这种事情出现的频率居高不下。数年之前，一些食品药品监督管理局的科学家发现，马拉硫磷与某种其他有机磷酸酯同时使用时所产生的毒性是两者毒性相加的 50 倍。换言之，两种化合物各取 1% 的致死剂量，混合起来就足以致命。

这一发现让人们开始对其他化学物质的组合进行检测实验。现在，多种有机磷酸酯混在一起毒性就会大大增加已经成为通识。毒性增加的原因是一种化学物质破坏了解除另一种化学物质毒性的肝脏酶。这个道理告诉我们：两种杀虫剂不能混合使用。中毒的风险不仅威胁这周喷一种杀虫剂而下周喷另外一种的人，还威胁着购买被喷洒了混合农药的农产品的消费者。一般的蔬菜沙拉就很容易出现两种有机磷酸酯杀虫剂的混合残留。在法定许可范围之内的杀虫剂残留很可能会发生交互作用。

人们对化学品相互作用产生的危险知之甚少，但是，一些令人不安的新发现从科学实验室里涌现。其中之一就是，一种有机磷酸酯的毒性可以被第二种药剂（不一定是杀虫剂）增强。比如，在增强马拉硫磷毒性方面，增塑剂可能比杀虫剂的效果更加明显。这是因为前者抑制了通常来说能够"拔掉杀虫剂毒牙"的肝脏中的酶的作用。

那么，在正常的人体环境下，其他的化学品表现如何呢？尤其是那些具有麻醉作用的药物，情况又如何？关于这方面的研究刚刚起步，但人们已经知道，有些有机磷酸酯（如对硫磷和马拉硫磷）会增强肌肉松弛剂的药物毒性，还有一些有机磷酸酯（包括马拉硫磷）显著延长了巴比妥类药物的休眠期。

希腊神话中的魔女美狄亚因其丈夫伊阿宋移情别恋而勃然大怒，将一件下了毒的长袍送给丈夫的新欢。新欢穿上这件长袍后暴毙。这个致死法与现今的"内吸杀虫剂③"毫无二致。这些化学药物利用本身特殊的性能将动植物变成类似"美狄亚长袍"的东西，用以杀死那些可能与它们接触的昆虫，尤其是在昆虫吮吸植物的汁液或动物的血液的时候。

内吸杀虫剂的世界神秘而可怕，超出了格林兄弟的想象，或许与查尔斯·亚当斯的漫画世界更为接近。在这个世界里，童话中迷人的森林变成毒气森林——昆虫咀嚼树叶或者吸食汁液都会在劫难逃。在这个世界里，跳蚤叮咬了狗之后就会死去，因为狗的血液中有毒；昆虫会死于它从未接触

③ 农药制剂被植物的茎、叶、根和种子吸收而进入植物体内，并在植物体内传导扩散或产生更毒的代谢物。传导到植株各部位的药量足以使为害这部位的害虫中毒死亡，而药剂又不妨碍作物的生长发育，这就是农药的内吸作用。

房，结果就是酿出有毒的蜂蜜。

应用昆虫学领域的研究者发现大自然给了他们一些暗示：在含有硒酸钠的土壤里生长的麦子不会受蚜虫及红蜘蛛的侵袭。研制内吸杀虫剂的梦想由此而生。由于硒少量存在于世界各地的岩石及土壤里，因而被用作最早的杀虫剂。

内吸杀虫剂具有渗透进动植物组织并使动植物中毒的能力。某些烃类和有机磷的化合物具有这样的属性，这些药物大部分是由人工合成的，也有一些是自然生成的。在实际应用中，由于有机磷类化合物的残留问题相对不那么严重，多数内吸杀虫剂是从有机磷类的化合物中提取出来的。

内吸杀虫剂还以一些隐蔽的方式发挥效用。通过浸泡或与碳混合成包衣施用于种子，其效用就会延续到下一代植物体内，令蚜虫和其他吸食性昆虫中毒。一些蔬菜，比如豌豆、菜豆、甜菜通常就是用这种办法来防虫的。经过内吸杀虫剂包衣处理的棉籽种植已经在加利福尼亚州实行了一段时间。1959 年，该州圣华金河谷曾有 25 个农场工人在植棉时突然发病，只因徒手搬运处理过的棉籽袋。

在英国，有人想研究蜜蜂在经内吸杀虫剂处理过的植物上采蜜之后会有什么后果，为此在喷洒过八甲磷的地区进行调查。尽管农药是在植物花蕾尚未形成的时候喷洒的，但植物开花之后分泌的花蜜仍然含毒。研究的结果也与预测相符：蜂蜜之中也有八甲磷残留。

动物内吸杀虫剂的使用主要集中在防控牛蛆方面。牛蛆是一种寄生在牲畜身上的害虫。想要在宿主的血液及组织里产生杀虫效果而又不危及宿主的生命，用药必须十分谨慎才行。这个平衡关系相当微妙，因为政府部门的兽医已经发现：频繁小剂量喂药会逐渐耗尽动物体内的保护性胆碱酯酶，稍微过量就会导致宿主中毒。

种种迹象表明，与人类的日常生活休戚相关的新领域正被开发出来。现如今，你可以给狗喂上一粒药，让其血液中含毒而避免蚊虫叮咬。人类为防控牛蛆而采取的危险的处理方式也适用于犬类。到目前为止，似乎还没有人建议在人类身上使用内吸杀虫剂以避免蚊子的叮咬，说不定，这正是人类下一步的打算。

至此，我们在这一章里讨论的都是人类为对付昆虫所使用的致命杀虫剂。而人类与杂草之战的战况又如何呢？

为了迅速、便捷地除掉不想要的植物，人类研制出种类繁多的除草剂（或者说除莠剂）。关于这些药剂的使用方法和滥用情况，本书的第六章将详细讲述。此处我们关心的问题是：除草剂是否有毒以及使用它们是否会对环境造成污染。

除草剂仅对草本植物有毒、对动物的生命构不成威胁的说法传播甚广，但事实却截然不同。这些除草剂包括种类繁多的化学药物，不仅对植物有药效，对动物也会产生危害。这些药剂对有机体的作用千差万别。有些是一般性的毒药；有些是新陈代谢的特效刺激剂，会使体温异常飙升；有些（单独或与其他药物一起）会引发恶性肿瘤；有些则会造成生物种属的基因突变。可以说，除草剂和杀虫剂一样，都含有一些高度危险的化学成分。粗心使用这些药剂——以为它们是“安全的”，会招致灾难性后果。

尽管实验室研发的药物不断推陈出新，但砷化合物仍然在杀虫剂和除草剂中占主流（如前所述），通常以亚砷酸钠的化学形式出现。含砷化合物的应用史令人难以释怀：用作路旁除草剂，不仅令农民失去奶牛，也让无数野生动物死于非命；用作水中除草剂，污染湖泊、水库等公共水源，使水无法饮用，也不宜游泳；用来除掉马铃薯地里的藤蔓，导致人类和其他生物付出了生命的代价。

1951 年，由于之前用来烧掉马铃薯藤蔓的硫磺酸短缺，英国使用含有砷化合物的除草剂取而代之。农业部曾发布警示：进入喷过含砷除草剂的马铃薯农田相当危险。然而这个警示对牲畜没什么作用（我们也要知道，野生动物和鸟类也看不懂）。因此，有关牲畜砷中毒的报道频繁出现。1959 年，一位农妇饮用了被砷污染的水之后中毒身亡，英国一家大型化学制药公司停止生产含砷喷剂并将已出售的喷剂全部召回。随后，农业部宣布：由于对人和牲畜危害极大，含砷喷剂应被严格限制使用。1961 年，澳大利亚政府颁布了类似禁令。但是，美国依然任由这些毒药肆虐。

某些二硝基化合物也被用作除草剂，被视为美国使用的同类药剂中毒性最强的之一。二硝基酚是一种强效的代谢刺激物。正因如此，它一度被用作减肥药。由于减肥所需摄入的剂量与可能中毒致死的剂量之间差别细微，所以有的减肥药使用者中毒丧命，还有不少使用者长期受病痛折磨，该减肥药因此被停用。

二硝基的同属药物五氯苯酚（也叫五氯酚）通常被兼用为杀虫剂和除草剂，喷洒在铁路沿线及垃圾场中。五氯酚对各种有机体来说都是剧毒，不管是细菌还是人类。与二硝基药物一样，五氯酚会对体内的能量来源产生致命干扰，从而导致中毒机体能量枯竭而亡。近期，加利福尼亚州卫生部门通报的一起严重事故证明了其恐怖的毒性。一位油罐车司机将柴油和五氯酚混在一起，配制一种棉花落叶剂。当他从油桶内往外倒浓缩药剂的时候，桶塞不慎掉进了桶内。他直接将手伸进去把桶塞捞了出来。尽管他当场就把手清洗干净，但毒性依然快速发作，第二天他便撒手人寰。

一些除草剂，比如亚砷酸盐或苯酚药物，能够造成的危害十分明显。然而有些除草剂的影响则隐秘难寻。例如，有名的蔓越莓除草剂氨基三唑被认为毒性相对较轻，但长期施用之后，它可能使野生动物罹患甲状腺恶性肿瘤，对人类也可能造成同样的伤害。

除草剂中还有一类药物被划归为“致变剂”，能够改变基因。放射性物质对基因造成的影响令人惊恐。那么，人们在周围环境中广泛使用具有同样危害作用的化学药物，我们怎能熟视无睹？[1]

[1] 本章以较为详实的数据分析了“特效药”杀虫剂的演变过程，重点分析了更加致命的现在被大量使用的两类杀虫剂的杀虫原理及利弊，并由此得出结论：杀虫剂不仅杀虫，也能杀人。作者进而指出，除草剂同样有毒，会对环境造成污染。

第四章 地表水与地下海洋

在所有的自然资源中，水资源异常珍贵，地球表面大部分是被海水覆盖着的。被汪洋大海包围的人类会感到缺水，着实不可思议。这其实是因为地球表面的大部分水资源都海盐含量过高，不宜用于农业和工业，也不宜成为人类的饮用水。全世界大部分人口都面临淡水严重匮乏的威胁。当下，人类渐渐忘记了自己的初心，无视维持生存最起码的需求，从而导致水资源和其他资源变成人类冷漠行为的牺牲品。

把杀虫剂造成的水污染问题放到人类整体环境污染的大框架之下，也就不难理解了。进入人类的水系统并造成污染的物质来源众多：核反应堆、实验室和医院排放的放射性废物、核爆炸产生的放射性尘埃、城乡居民的生活垃圾、工厂排放的化学废物等，不一而足。现在，一种新的飘散性物质也加入这一行列，那就是施用于农田、果园、森林和原野的农药喷剂。在这些惊人的混杂的化学物质中，许多药剂的危害程度与放射性物质不相上下，甚至有过之而无不及，因为这些化学药物之间还存在着一些可怕的、鲜为人知的内部反应以及毒性的转化和叠加。

自从化学家们开始制造非天然的物质，水资源净化的问题就变得相当复杂，用水者面临的风险也逐渐升高。众所周知，合成药物的大规模生产始于20世纪40年代。现如今，产量的提升导致每天都有大量化学污染物被排放到水系统之中。当这些污染物和生活垃圾以及其他废弃物混在一起时，污水处理厂用常规的检测手段根本化验不出来。大多数化学药物极其顽固，常规的处理手段根本无法使其分解。更严重的是，将它们从众多污染物中分离出来都很困难。在河道中，各种污染物发生化学反应而产生了新的沉淀物，让河道清淤工程师只能无奈苦笑。麻省理工学院的罗尔夫·埃里亚森教授曾在国会委员会的陈词中证明，预知这些化学药物的混合效应或识别由此产生的新的有机物的可能性为零。他说："我们根本不知道那是些什么东西，也不知道它们对人类会有什么影响。我们对其一无所知。"

用来防控昆虫、啮齿动物或杂草的各种化学药物的使用不断催生有机污染物。有些化学药物特意用于水体，以消灭植物、昆虫幼虫或一些杂鱼。有些污染物来自森林。为了免受虫灾，有的州对两三百英亩的森林喷洒农药。这些药剂要么直接落在河流里，要么通过树叶间隙落入森林土壤，随着土壤中的渗流水慢慢流向大海。这些用于防控昆虫和啮齿动物的成百上千磅农药残留，大部分会在雨水的冲刷下加入奔向大海的运动。

在河流之中，甚至是人们的饮用水里，化学药物的残留相当引人注目。有人从宾夕法尼亚州的一个果园收集饮用水，在实验室中对鱼进行实验。由于水里有大量杀虫剂残留，所以所有的鱼在 4 个小时之内都死了。当溪流流经喷洒了农药的棉花田之后，即使经过了净水处理，溪水依然能够置鱼儿于死地。由于在亚拉巴马州，田纳西河流经的农田曾喷洒过一种叫"毒杀芬"的氯代烃，它的 15 条支流中的鱼类全部中毒而死，其中还有 2 条支流是城市用水的水源。使用杀虫剂 1 个周之后，放在河流下游水箱中的金鱼每天死亡的仍不在少数，足以证明河水依然有毒。

大多数情况下，这种污染是肉眼看不到的，我们很难察觉。只有当鱼类大量死亡时,人类才会警醒。然而,对于这些污染物,从事水资源保护工作的化学家们既没办法对其进行定期检测,也没办法彻底将其清除。但是,不管是否能够被检测出来,杀虫剂的存在是客观事实,而且会随着大量喷洒在地面上的其他药物进入美国的一些主要水系。

如果有谁对杀虫剂已经造成水资源的普遍污染存疑,不妨读一读美国鱼类及野生动植物管理局发布于1960年的一份报告。管理局已经开展了一项研究,测试鱼类是否会像恒温动物一样在机体组织中积累杀虫剂。第一批鱼类样本取自西部森林地区,该地区曾为了防控云杉树蛆虫而大范围喷洒过DDT。正如所料,所有的样本鱼体内都含有DDT。第二批鱼类样本取自离喷药区30英里[①]远的一条小溪中。该小溪位于第一批样本采集处的上游,两者之间隔着一个大瀑布。虽然小溪所在的地点没有喷洒过杀虫剂,但是,这里的鱼体内仍含有DDT。这些化学药物难道会通过看不见的地下水渗入这条小溪?还是像浮尘一样通过空气传播飘入水中?在另外一次对比调查中,孵化场的鱼类体内也出现了DDT,而此处的水源是一个深井。与小溪一样,深井里也没喷洒过杀虫剂,所以,唯一有可能的污染途径就是地下水。

在水资源的污染问题上,地下水的大面积污染是最让人不安的。在任意一处水域加入杀虫剂,所有水域都会受到威胁。大自然无法做到在封闭和彼此分离的区间中运行,水循环也是如此。雨水降落在地面上以后,通过土壤、岩石的孔洞与缝隙往下渗透,直至岩石的孔洞中都充满水的黑漆漆的地下海洋。地下海洋的形态随着山峰和山谷的走势而发生变化。地下水终年无休,有时速度很慢,一年仅移动15米;

①1英里约为1609米。

有时候速度很快,一天就能移动160米。地下水主要在地下漫游,偶尔会涌出地面形成泉水,或者被引入一口井中。但是,大部分情况下,地下水最终会汇入小溪或者河流中。除了雨水形成的地面径流,所有流动在地表之上的水都曾是地下水。所以,从非常实际且令人惶恐的角度看,地下水的污染就是世界水资源的污染。

科罗拉多州某制药厂排出的有毒化学药物通过黑暗的地下海洋流向数英里之外的农场,污染井水,让人畜患病,使庄稼损毁——这种情况非常罕见,但是一个典型案例。其经过大致如下:1943年,建在丹佛附近的美国化学特种部队洛基山兵工厂开始生产军需物资。8年之后,该厂的设备被租赁给一家私有炼油公司生产杀虫剂。但是在杀虫剂投产之前,离奇的事件开始接二连三地发生。距离兵工厂几英里之外的农民投诉,说他们的牲畜染上了一种不明原因的疾病,大面积的庄稼也遭损毁。树叶变黄,植物停止生长,农作物大批量死亡,居民也频频患病。

灌溉这些农场的水来自很浅的井水。调查人员对这些井水进行化验时(1959年,多个州与联邦政府机构展开联合调查),发现里面有化学药物残留。兵工厂在此处生产军需物资的那几年,曾将氯化物、氯酸盐、磷酸盐、氟化物和砷排进蓄水池之中。很显然,兵工厂和农场之间的地下水已经被污染。兵工厂的化学废弃物经过七八年的时间,从蓄水池中慢慢移动到2英里之外的农场。这种渗透并未停止,受其污染的区域也不会有明确的范围。调查人员既没办法消除这种污染,也没办法阻止其扩散。

还有更糟糕的情况。人们在兵工厂的蓄水池和水井中发现了 2,4–D[②] 类除草剂。这一发现令人惊讶,但它的出现也为用这些水灌溉的庄稼遭到损毁提供了佐证。但更让人摸不着头脑的是,这家兵工厂从未生产过 2,4–D 类除草剂。

经过长期认真的调研,化学家们得出如下结论:2,4–D 是在开阔的蓄水池中,由兵工厂排出的其他废弃物在空气、水和阳光的作用下化合而成的。此刻的蓄水池已经变成生产新化学品的化学实验室,生产出的化学药物对植物来说是致命毒药。

如此一来,科罗拉多州农场里的事故和被损毁的庄稼就超越了地域的界限,具有普遍性意义。除了科罗拉多州,其他遭到化学污染的公共水域是否存在类似情况呢?在世界各地的湖泊和小溪中,在阳光和空气两种催化剂的作用下,还有哪些危险的东西是由标记着"无害"的化学药物产生的呢?

的确,关于水资源的化学污染,最令人忧心的地方在于:河流、湖泊或者水库之中,甚至饭桌上的一杯水中都混入了不明化学物质,而这些物质是任何有良知的化学家都不愿意合成的。这种自由混合在一起的化学物质之间的相互作用让美国公共卫生署的行政官员不堪其扰。他们对于无毒化学药物合成有毒物质这个情况深表担忧。这种合成反应可能发生在两种或者多种化学物质之间,也可能发生在化学物质和与日俱增的排泄到河流中的放射性物质之间。在电离辐射的作用下,原子很容易重新排列,化学性质也会随之改变。这一切既无法预料,也不可控制。

当然,被污染的不仅仅是地下水,还包括地表的流动水,比如小溪、河流。发生在加利福尼亚州图里湖和南克拉玛斯

② 2,4–D,中文名称为 2,4– 二氯苯氧乙酸,一种生长素类似物,农业上用作除草剂和植物生长剂。

湖国家野生动物保护区的事有力地证明了地表流动水已遭受污染。这两个保护区与俄勒冈州境内的北克拉玛斯湖同属于一个大的保护区链。可能由于共享同一个水源,三个保护区紧密相连且被广袤的农田所包围,俨然点缀在大海上的小岛。这些农田原来都是被水鸟当作天堂的沼泽和水域,后经排水和引流改造而成。

保护区周围农田的灌溉用水均来自北克拉玛斯湖。灌溉后的水被抽进图里湖,再被抽进南克拉玛斯湖。因此,整个保护区的水域都是建立在这两大水体的基础之上的,它们是当地农田的排水系统。记住这个情况对理解接下来发生的事情至关重要。

1960 年夏天,保护区工作人员在图里湖和南克拉玛斯湖捡到数百只濒临死亡甚至已经死亡的鸟,大部分是食鱼鸟类——苍鹭、鹈鹕、鸊鷉和鸥鸟。经检测,它们体内有 DDD 和 DDE 等杀虫剂残留。而湖里的鱼类和浮游生物体内也同样有杀虫剂残留。保护区的管理人员认为,水流往返经过大量喷洒农药的农田,从而把杀虫剂带进保护区,致使保护区水系中的杀虫剂残留与日俱增。

水质的严重毒化让人类企图恢复水质的努力付诸东流。猎鸭爱好者和美景欣赏者都对这里水资源的污染感到惋惜。成群的水鸟发出悦耳的叫声、像飘扬的绶带一样飞过夜空的美丽景象早已消失不见。这两个保护区在保护西部水鸟方面至关重要。它们处在一个漏斗状区位的颈部,而各种鸟类的迁徙路线都经过此处,形成众所周知的"太平洋迁徙线[③]"。每当迁徙期来临时,数百万只野鸭和大雁会飞到西至白令海、东至哈德逊湾的栖息地——占迁徙到太平洋沿岸

③ 太平洋迁徙线,贯穿整个南、北美洲太平洋沿岸的候鸟迁徙路线。

鸟类总数的3/4。夏季时节，保护区为水鸟，尤其是濒临灭绝的红头鸭和棕硬尾鸭提供了绝佳的栖息地。如果这些保护区的湖泊、池塘被严重污染，那么西部水鸟走向毁灭的命运将不可逆转。

水资源是其所支持的生命循环中不可或缺的一环。在这个循环中，尘埃大小的浮游生物的绿色细胞通过微小的水蚤被鱼吞食，而这些鱼又被其他鱼以及鸟、水貂、浣熊吃掉。很显然，水中有用的矿物质会在食物链上一环一环地进行传递。能够想象，由我们引入水中的毒素肯定会进入这样的循环之中。

在加利福尼亚州的清水湖发生的事件让我们找到了有力证据。清水湖位于旧金山疗养院以北90英里的山区，是垂钓胜地。清水湖的湖水相当浑浊，黑色淤泥覆盖了整个湖底，现实与名称严重不符。对于垂钓者和湖畔的居民来说，最大的不幸便是湖水是体型很小的蚋虫的繁殖地。蚋虫与蚊子属于近亲，却滴血不沾，而且成年蚋虫甚至都可以不吃东西。但是，由于蚋虫数量庞大，生活在这里的居民尝试过用很多种办法灭杀它们，却收效甚微。20世纪40年代末，氯代烃杀虫剂成为新式灭杀“武器”，人类为发动新的攻击所选择的化学药物是与DDT关系密切的DDD，对鱼类的威胁少很多。

1949年采用的投放DDD杀虫剂的新型防控措施是经过周密筹划的，并且大家都确信不会有什么恶劣后果。人们事先对这个湖进行过查勘，根据湖水水量确定以0.014ppm浓度进行杀虫剂配比。蚋虫刚开始时基本被消灭，却在1954年卷土重来。这一次，浓度配比提升到0.02ppm，灭杀效果相当明显。

几个月之后的冬天，种种迹象表明其他生物受到了影响：湖区的北美鸊鷉开始死亡，短时间内就达到上百例。北美鸊鷉被清水湖里丰富的鱼类所吸引，常年在冬天时飞来此处。这种鸟外表华丽，习性优雅，在美国和加拿大西部浅湖的水草丛中搭筑浮巢定居。它们被称为"天鹅鸊鷉"，因为轻轻划过水面时，它们会伸长洁白的脖颈，扬起黑亮的头冠，不带起一丝涟漪。鸊鷉幼鸟浑身长满灰色的软毛，出生数小时之后就能下水游泳，在父母背上嬉戏，栖居在它们的羽翼之下。

1957 年，蚋虫卷土重来。这次死亡的鸊鷉数量更多。跟上次情况类似，人们并没有在鸊鷉身上发现传染病的迹象。但是，有人提议化验一下鸊鷉的脂肪组织，结果发现，其体内含有浓度达 1600ppm 的 DDD！

上文提到过，湖水中杀虫剂的最大浓度为 0.02ppm，为什么鸊鷉体内化学药物的残留会如此之多？鸊鷉的主要食物是鱼。当人们对清水湖的鱼类进行化验时，答案就揭晓了——毒素被最小的生物吞食后，又传递给生物链上更高等级的生物。经检测，浮游生物体内杀虫剂残留为 5ppm（水中杀虫剂最高浓度的 250 倍）；以水生植物为食的鱼类体内有 40~300ppm 的杀虫剂残留，食肉鱼的体内残留量则更高。一种头部是褐色的鲶鱼体内毒素的浓度可以达到令人吃惊的 2500ppm。这简直是"杰克建造的小屋"故事的翻版：大的肉食动物吃小的肉食动物，小的肉食动物吃草食动物，草食动物吃浮游生物，浮游生物吸收水中的毒素。

之后又出现了更加离奇的现象：在刚刚投放杀虫剂的水中检测不到 DDD。事情的真相是，毒素并没有离开，只是进入了湖中生物的体内。在化学药剂停用 23 个月之后，浮游生物体内杀虫剂的残留浓度仍然高达 5.3ppm。在这期间，虽然毒素已不存在于湖水之中，却在一代代浮游生物中传递了下去，并在动物体内贮存。施药结束 1 年之后，所有受测的鱼类、鸟类和青蛙体内仍然存在 DDD 残留，而且浓度已是湖水中杀虫剂最高浓度的许多倍。这些有生命的毒素携带者中有施用 DDD 9 个月后孵化出来的鱼苗、鹛鹛和体内 DDD 残留浓度高达 2000ppm 的加利福尼亚海鸥。与此同时，鹛鹛数量从施用 DDD 之前的 1000 余对锐减到 1960 年的约 30 对。这些鹛鹛即使搭筑浮巢也是白费功夫，因为最后一次施用 DDD 之后，清水湖再也没有出现鹛鹛幼鸟的身影。

如此看来，整个污染链的基础是微小的植物——最开始药物浓缩是发生在它们身上的。处在污染链末端的人类情况如何呢？毫不知情的人们可能已经备好钓具，从清水湖中钓上一些鱼，回家油煎。大量或者多次摄入 DDD 会对人类产生什么影响呢？

虽然加利福尼亚公共卫生部门声称 DDD 对人体无害，但是仍然在 1959 年颁布条例禁止湖区使用 DDD。从该化学药物巨大的生物学危害来看，禁用只是最基础的安保措施。DDD 的生理危害性在所有杀虫剂中比较独特——损害位于肾脏附近、能分泌雄性激素的肾上腺皮质外层细胞组织。人类早在 1948 年就得知这种破坏作用的存在，但认为它可能只存在于狗的身上，而在猴子、老鼠、兔子等动物实验中并未发现异常。DDD 中毒在狗身上表现的症状与人类的艾迪森氏病的症状类似，这非常有参考价值。最近，医学研究表明，DDD 确实会严重影响人类的肾上腺皮质功能。如今，DDD 这种对细胞的破坏能力已经在临床上用于治疗一种罕见的肾上腺激素激增的癌症。

清水湖现象让人类直面现实:为了防治昆虫而使用对生理过程影响剧烈的药物,尤其是将化学药物直接用于水体,这种做法是否有效且可取呢?只允许使用低浓度杀虫剂这项规定毫无意义,因为杀虫剂浓度在湖泊生物链中会爆发性升高。然而,为了解决一个明显的小问题却引发更严重且难以察觉的问题,这种情况大量存在且愈演愈烈。清水湖就是这样一个典型:蚋虫问题得到解决固然是湖畔居民的福音,然而,这给所有从湖中获取食物和饮用水的生物造成了更加严重且难以溯源的危害。

这是一个残酷的事实。毫无顾忌地向水库中投毒这件事情已经变得平常。其目的通常是开发娱乐项目,而之后又要斥巨资,恢复水库提供饮用水的用途。某地区的渔猎爱好者想在一座水库里“发展”渔猎业,便说服政府主管部门把大量农药投放进水库里,以杀死一些不中意的杂鱼,然后培育出符合其“口味”的鱼类。这个过程简直就像爱丽丝漫游的奇境一般诡异。这座水库修建的目的是满足附近居民的用水需求。如此一来,附近居民就得在毫不知情的情况下饮用含有农药残留的水,而且还要支付税费去处理几乎不可能消除的农药残留。

由于地下水和地表水都被杀虫剂和其他化学药物所污染,因此有毒的致癌物质正在进入公共用水系统。[1] 美国国家癌症研究所的 W.C. 休珀博士发出警示:“可以预见,未来因饮用受污染的饮用水而得癌症的风险大大增加。”实际上,20 世纪 50 年代初,荷兰的一项研究已经证实,被污染的水会致癌。而以河水为饮用水源的地方,比起那些用井水作为饮用水源的地方,居民罹患癌症的可能性更高。含有天然致癌物质砷的饮用水导致历史上两次癌症大规模暴发。第一

[1] 此句承上启下,说明水污染之重。

次的砷来自开采矿山的矿渣堆,第二次的砷来自天然含有大量砷的岩石。随着含砷杀虫剂的大规模应用,上面提到的情形会不断重演。土壤遭受了污染,在雨水的冲刷下,有毒物质随雨水流入小溪、河流和水库,然后进入广袤无边的地下海洋。

在此,我们又一次被提醒:自然界中没有任何事物能够孤立存在。为了更清楚地了解世界的污染是如何发生的,我们现在必须看一看地球上的另一种基本资源——土壤。

第五章 土壤王国

像补丁一样覆盖着地球表层的土壤控制着人类和其他生物的生与死。众所周知,没有土壤,陆地植物无法生长;没有植物,动物也就无法生存。

如果说生物依赖于土壤的话,那么同样,土壤也依赖于地球上的生物。土壤的起源以及其天然特性都与动植物密不可分。从某种意义上而言,土壤是由生物创造的,是亿万年前生物与非生物相互作用的神奇产物。当火山喷发出炽热的岩浆,当奔腾的水流磨损了最坚硬的花岗岩,当冰霜严寒冻裂了岩石,原始的成土物质得以聚集。然后,生物开始了奇迹般的创造,逐步使这些了无生气的物质变成土壤。作为岩石的表层覆盖物,地衣利用其酸性分泌物促进了岩石的分解,同时也为其他生物提供了栖息地。地衣的碎屑、微小昆虫的外壳和海洋生物残骸构成了原始土壤,土壤中的缝隙成为藓类植物的“驻扎地”。

生物创造了土壤,也创造了土壤中的其他生物。否则,土壤就会死气沉沉、了无生机。正是由于生命的存在和活动,土壤才具备了给地球披上绿色外衣的能力。

土壤身处永恒的变化之中,循环往复,生生不息。当岩石风化分解,有机物质腐烂,氮及其他气体随雨水从天而降时,土壤中就会生成新的物质。同时,土壤中的一些既有物质也会因为其他生物的需求而被暂时带走。微妙而重要的化学变化时刻都在进行着,来自空气和水中的成分被转化为易于植物吸收利用的形式。在这些变化过程中,生物起着活性剂的作用。

黑暗的土壤王国内生物数量巨大,而生物研究虽然十分有趣,但也容易被忽视。土壤中的有机体之间如何发生关联,它们以什么方式与地上和地下的环境发生关系,我们知之甚少。

土壤中最小的可能也是最重要的生物是那些肉眼看不见的细菌和丝状真菌,它们的数量多得像天文数字。一小勺表层土壤中的细菌数以亿计。虽然这些细菌微小,但在1英亩沃土的1英尺[①]厚的表层土壤之中,细菌的重量可能高达1000磅。长线状的放线菌数量比细菌少,但是体型大,所以其在一定单位土壤中的重量和细菌的差不多。它们与被称为“藻类”的微小绿色细胞一起构成了土壤中的微生物界。

细菌、真菌和藻类是造成动植物腐烂的主要原因。它们能够将动植物的尸体分解成无机物。假若没有它们,碳、氮等元素无法通过土壤、空气和生物体进行循环。举例来说,如果没有固氮菌,即使身处含氮丰富的空气中,植物也会因为缺氮而亡。还有一些有机体产生了二氧化碳,并形成碳酸,促进岩石的分解。土壤中还有其他微生物发挥着多种多样的氧化和还原作用,使铁、锰和硫等矿物质成为植物可吸收的状态。

另外,土壤中还存在着数量惊人的微小螨类和被称为“跃尾虫”的无翅原始昆虫。尽管它们个头很小,但在分解植物尸体和促进森林地面碎屑转化中起着重要的作用。其中一些微小生物的“天赋异禀”简直让人难以置信。比如说,有些螨虫能够在云杉落叶中存活,栖居在针形落叶中并消化掉其内部组织。等到螨虫发育完成,针叶就只剩下一个空壳

①1英尺约为0.3米。

了。数量惊人的落叶处理工作基本由土壤里和林地上的微小昆虫完成。它们分解、消化树叶,并促使分解出来的物质与表层土壤混合在一起。

除了这些微小又忙碌不停的微生物,土壤中当然还有不少较大的生物。土壤中的生物从细菌到哺乳动物都有:有的动物是黑暗地层中的永久居民,有的动物在地下洞穴中冬眠或度过生命中的某一阶段,有的动物则穿梭于洞穴和地面世界之间。总而言之,土壤中的"居民活动"有利于让空气进入土壤,并促进水分在整个植物生长层疏排与渗透。

在土壤里较大的生物当中,蚯蚓可能最为重要。1881年,查尔斯·达尔文在其著作《腐殖土的形成、蚯蚓的作用以及对蚯蚓习性的观察》中,首次向全世界介绍了蚯蚓在土壤搬运方面的重要作用,并做了如下描述:地表岩石逐渐由被蚯蚓从地下搬运的土壤所覆盖,在条件良好的地区,每英亩土地里蚯蚓每年搬运的土壤可能会重达数吨。与此同时,含在叶子和草中的大量有机物(每平方码② 土地6个月可积存20磅)被蚯蚓带入洞穴,并与土壤相混合。达尔文的计算表明,蚯蚓可以使土壤层的厚度在10年间增加1~1.5英寸③。然而,它们的贡献远不止于此:它们让空气进入土壤,保持土壤良好的排水条件,并促进植物根系的生长。除此之外,蚯蚓能够提升土壤细菌的固氮能力,降低土壤肥力的衰退程度。有机物通过蚯蚓的消化道被分解并排泄到土壤中,使土壤变得更加肥沃。

土壤和生物通过某种方式相关联,形成一个相互交织的生命之网:生物依存于土壤,而只有当土壤中有了这些生

② 平方码,面积单位,1平方码约为0.8平方米。

③ 1英寸约为0.025米。

[1] 这一段承上启下，说明土壤与生物互为依存，由此引出杀虫剂对土壤的危害。

物，土壤才成为地球的重要组成部分。[1]

这其中，有一个问题迟迟未能引起重视：无论是直接进入土壤的“杀菌消毒剂”还是被雨水从森林、果园和农田带到土壤中的致命污染物，进入土壤之后，会对生存其间的大量生物造成何种危害？比如说，我们使用一种广谱杀虫剂来杀死穴居的损害庄稼的害虫幼体，难道这种杀虫剂不会对分解有机物的“益虫”造成伤害吗？或者说，我们使用一种广谱杀菌剂，能够确保它不会让树根中促进根部营养吸收的真菌免受伤害吗？

事实上，土壤生态的问题被绝大多数科学家们所忽视，而杀虫剂管理人员更是对这个问题置之不理。昆虫的防治人员想当然地认为，土壤能够承受并愿意承受所遭受的伤害，而其本质属性已然无人问津。

为数不多的研究发现，杀虫剂对土壤造成的危害正在逐渐显现。目前，研究的结果尚存在分歧，这不可避免。土壤类型如此多变，杀虫剂可能对一种类型的土壤有危害，对另一种类型的完全无害。轻质沙土就比腐殖土更容易遭受损害。而且，多种化学药物混用比单独使用的危害更大。虽然研究结果各有差异，但是越来越多的证据表明危害确实存在，这令许多科学家不安。

目前，与生物界休戚相关的一些化学转化过程已受到影响，将空气中的氮转化为可供植物利用的形式的硝化作用便是实例。2,4–D 类除草剂能够暂时中断硝化作用。在佛罗里达州进行的几次实验中，六氯环己烷、七氯和六氯化苯进入土壤仅两个星期之后就削弱了土壤的硝化作用，尤其是六氯化苯和 DDT，在一年之后，毒害作用仍然十分明显。其他实验显示，六氯化苯、艾氏剂、六氯环己烷、七氯和 DDD 都会阻碍固氮菌生成豆科植物生长所必需的根部节瘤。真菌和高等植物根系之间奇妙而有益的关系因而被严重破坏。

自然界能够生生不息,靠的是生物间的微妙平衡,但现在的问题恰恰是这种平衡被打破了。土壤中的某些生物因为杀虫剂的使用而减少,必然会导致另一些生物的数量爆发式增长,从而打乱现有的摄食关系。这些变化能够轻易地改变土壤的新陈代谢活动,影响土壤的生产力。这些变化也意味着,潜在的有害生物很可能失去自然的控制,从而发展成灾害。

关于土壤中的杀虫剂我们尤其需要记住的是,杀虫剂在土壤中残留的时间并不是几个月,而是好几年。施用艾氏剂4年后,人们仍能在土壤中发现微量残留,且更多的艾氏剂转化成了狄氏剂。在使用毒杀芬灭杀白蚁10年后,砂土中仍有大量药物残留。六氯化苯在土壤中的残留时间至少是11年;七氯或毒性更加厉害的衍生物在土壤中的残留时间至少是9年;施用氯丹12年后,土壤中的残留量仍高达原施用量的15%。

即使人们对杀虫剂的使用有所克制,但数年后其在土壤中的残留量仍可能令人吃惊。由于氯化烃残留性强且残留时间久,所以每次施药,药量都会在原有基础上叠加。因此,“每英亩土地使用1磅DDT是无害的”这种老套的说法就显得毫无意义。经检测,种植马铃薯的土壤中DDT的含量为每英亩15磅,种植玉米的土壤中DDT的含量为每英亩19磅,种植蔓越莓的土壤中DDT的含量为每英亩34.5磅。苹果园土壤中DDT的含量最高,累积速度与每年的使用量同步增长。如果一个季度内苹果园施药超过4次,DDT的残留就可以达到每英亩30~50磅。长此以往,苹果园内树与树之间的土壤中DDT残留量为每英亩20~60磅，而树下土壤的DDT残留量高达每英亩113磅。

砷是造成土壤永久污染的典型例子。20世纪40年代中期以来，人类主要用有机合成的杀虫剂取代含砷喷剂来防治烟草植物的病虫害。但是，从1932年至1952年，美国生产的香烟中砷的含量仍然增加了300%以上。砷毒理学权威亨利·S.萨特利博士说，虽然有机杀虫剂已大量替代了砷喷剂，但是烟草植物中的砷含量有增无减，这是因为，种植烟草的土壤已被大量剧毒而又不易溶解的砷酸铅所侵蚀。这种砷酸铅会持续释放出可溶性砷。萨特利博士说，种植烟草的大部分土壤正遭受着“叠加的、几乎永久性的毒污染”。没有使用过含砷杀虫剂的东地中海国家所产的烟草就不存在上述问题。

这样，我们就面临着第二个问题：我们不仅要关心土壤里发生了什么，还必须关注受污染土壤中吸收了多少杀虫剂，关注有多少杀虫剂残留进入了植物组织内。这在很大程度上取决于土壤类型、农作物种类以及杀虫剂的属性与浓度。含有机物较多的土壤比其他土壤释放的毒素少。胡萝卜比其他农作物吸收杀虫剂残留的量更大。未来，人类在种植某些粮食作物之前，必须检测土壤中杀虫剂的残留量。否则，即使不使用农药，粮食也可能从土壤中吸收过量的杀虫剂，使其无法达到供应市场的标准。

这种污染方面的问题曾经给一家大型婴幼儿食品制造商造成了严重的困扰。现在，这家制造商拒绝采购任何喷过杀虫剂的水果和蔬菜。植物的根茎吸收六氯化苯之后，会产生发霉的味道。加利福尼亚州的一块农田在两年前施用过六氯化苯，现在其所产的甘薯因被发现含有六氯化苯而不得不丢掉。有一年,这家婴幼儿食品制造商在与南加州地区签订了甘薯供应合同后才发现其大部分土地已被六氯化苯污染。公司被迫从自由市场上重新购买甘薯,因而承担了巨大的经济损失。几年后,许多州生产的各类水果、蔬菜都不得不丢掉。而最令人头疼的当属花生的问题。在美国南部的几个州,花生常与棉花轮流种植,而棉花种植会广泛使用六氯化苯。所以在棉花之后种植的花生会大量吸收六氯化苯的残留。实际上,微量六氯化苯就足以使花生产生发霉的味道,而六氯化苯渗到果壳中之后很难清除。在之后的食品加工过程中,这种霉味不但不会消失,反而会越来越重。如果要让产品中没有六氯化苯残留,唯一办法就是摒弃任何使用过六氯化苯或者在受六氯化苯污染的土壤中生长的农作物。

土壤中的杀虫剂残留有时候会直接威胁农作物本身,这种威胁长期存在。一些杀虫剂会对豆类、小麦、大麦或黑麦等敏感的作物造成伤害,阻碍其根系发育并抑制种子发芽。华盛顿州和爱达荷州的啤酒花种植者们的经历就是个很好的例子。1955 年春,啤酒花种植者们大规模灭杀会危害啤酒花根部的象鼻虫。在农业专家和杀虫剂制造商的建议下,他们选择喷洒七氯。在施用七氯不到 1 年的时间里,用过药的啤酒花开始枯萎并死去,而没有喷过药的啤酒花都安然无恙。施药和未施药的地方可谓“泾渭分明”。人们不得不花大价钱在山上重新栽种啤酒花,但它们在第二年又死去了。4 年之后,土壤中仍然有七氯残留。科学家们对此束手无策,既无法预测土壤的毒性会持续多长时间,也提不出任何改善土壤现状的办法。1959 年 3 月,联邦农业部门才后知后觉,认识到不能在啤酒花田中施用七氯,并收回了之前发布的建议,但为时已晚。当时,啤酒花种植者纷纷诉诸法庭,以期能

[2]例证充实，辩驳有力。

够得到补偿。[2]

只要杀虫剂还在继续使用，顽固的农药残留就会继续在土壤中积存，毫无疑问，人类也会遇到麻烦。1960年，雪城大学举办土壤生态学研讨会，不少与会专家得出了类似的结论。这些专家指出，人类使用化学药物和辐射等“强效手段”，却对其“知之甚少”，因此带来了危害，“人类的一些不当举措很可能对土壤的生产力造成毁灭性打击，而生存在土壤中的节肢动物却安然无恙”。

第六章 地球的绿色斗篷

水、土壤和地球的绿色斗篷——植物——共同构成的世界养育着地球上的动物。尽管人类很少意识到这个事实，但是如果没有植物利用太阳能产出人类赖以生存的基本食物，我们将无法生存。人类对待植物的态度极其狭隘：只要得知了某种植物的用途就会大肆栽培；如果觉得某种植物不合心意或者无关紧要，就会将其清除。除了对人类和牲畜有毒或者会妨碍粮食作物生长的植物之外，很多植物被清除的原因仅仅是它们在错误的时间生长在了错误的地方——与人类想要清除的植物长在一起。

地球上的植物是生命之网的重要组成部分。植物与地球、植物与植物以及植物与动物之间都有着密切又重要的关系。有些时候，我们别无他法，只能选择打破这些关系。但是，在决定这么做之前，我们必须深思熟虑，考虑这种行为在未来可能造成的严重后果。然而，如今的除草剂行业势头正盛，我们看到的只有该类药物日益暴涨的销量和日渐广泛的用途。

在美国西部发生的改造鼠尾草地带的事件中，人类对自然景观造成了诸多破坏。为了将草场改造成牧场，人类大费周章地将此处的鼠尾草清除。这片土地具有自然环境变迁的研究价值，是大自然的各种力量相互作用的生动体现。它就像一本在我们面前打开的书，通过阅读，我们能够知晓它为什么呈现出现有的样子以及我们要保持其完整风貌的原因。但是非常遗憾的是，人们并没有去阅读它。[1]

[1] 把大自然比喻成书，巧妙独特，充分说明大自然的奥妙无穷。

这片鼠尾草地带由西部高原与山脉斜坡构成,而在几百万年之前,这里是由落基山脉的巨大隆起形成的。这里的气候极端恶劣:冬季漫长,暴风雪从山顶席卷而下,地面积雪厚而不化;夏季少雨,烈日让土地龟裂,疾风刮走了树叶的水分,让树干干瘪。

在自然生态的演化进程中,植物能够在这片狂风呼啸的高原地带站稳脚跟,必定是经历了漫长的适应和调整过程。无数物种被自然淘汰,最终,具备在此生存所需要的各种能力的鼠尾草得以幸存。鼠尾草之所以能够扎根高原,是因为它能够借助灰绿色的小叶子来锁住水分,防止水分被干燥的疾风卷走,这是大自然长期考验之下的结果。

生活在此地的动物跟植物一样,不断进化以适应这片土地。在漫长的演变过程中,两种动物跟鼠尾草一样适应了这里并将其变为自身的栖息之地。这两种动物,一种是敏捷而优雅的哺乳动物叉角羚,另一种是号称“西部高原之王”的鼠尾草松鸡。

鼠尾草与松鸡是最佳拍档。松鸡的活动范围与鼠尾草的生长范围一致。随着鼠尾草被清除,松鸡的数量也相应减少。对于生活在此处的松鸡而言,鼠尾草就是它们的整个世界。山麓地带低矮的鼠尾草为松鸡提供了筑巢和养育子女的场所,而高处茂密的鼠尾草为它们提供了嬉戏和栖息之地。鼠尾草是松鸡的主要食物,而松鸡对鼠尾草也会产生影响。松鸡独特的求偶方式会疏松鼠尾草周围的土壤,有利于鼠尾草周边的杂草生长。

叉角羚也同样适应了鼠尾草。它们是高原上的主要动物,每年第一场冬雪之前都会从海拔高处向低处迁移。此时,其他植物已经枝叶凋零,而鼠尾草的茎干上依然布满了清香略苦的灰绿色叶子，这种叶子富含蛋白质、脂肪以及各种有益矿物质。尽管积雪很厚，但是鼠尾草的顶部依然外露，叉角羚只需用锋利的前蹄刨几下就能将积雪掘开。鼠尾草松鸡同样也靠鼠尾草过冬。它们会在裸露的、被风扫过的山坡上搜寻鼠尾草，或者跟着叉角羚在刨开积雪的地方觅食。

其他动物也以鼠尾草为食，其中就包括黑尾鹿。鼠尾草为越冬的草食性动物提供了生存的保障。一年之中的大半时间，这里的羊群的主要草料就是鼠尾草，鼠尾草提供的能量甚至比干苜蓿还高。

条件恶劣的高寒地带、开紫花的鼠尾草、敏捷矫健的叉角羚和鼠尾草松鸡，形成一个完美的自然平衡系统。然而今不如昔，在人类试图进行改良的广阔土地上，情况变得相当糟糕。土地管理机构为了满足广大农场主的贪欲，打着改良土地的名义，将大片土地改造成牧场，这种牧场里只有牧草，没有鼠尾草。前文提到过，杂草与鼠尾草混生并在其庇护下生长，但是现在，人类要将鼠尾草根除，打造一片完整的牧场，却不会去问：这种人工开发的牧场能不能持久？是否能够符合预期？很明显，大自然给出了否定的答案。这片土地每年的降水量不足以供养优质的牧草，反而更适合在鼠尾草庇护下的多年生禾草存活。

然而，清除鼠尾草的计划已推行数年。多个政府机构表现积极，工业部门也在推波助澜，只是为了提升草种销量、扩大各种耕种和收割机械销售的市场。近期，人们还多了一种新式“武器”——化学药剂。每年被喷洒药剂的鼠尾草有千百万英亩。

结果怎么样呢？截至目前，清除鼠尾草、种植牧草的最终结果很大程度上只能靠推测。但是很多熟谙当地土地属性的人说，牧草与鼠尾草混生比单独种植牧草的效果要好得多，因为鼠尾草能够帮忙锁住土壤中的水分。

很显然，即使该计划暂时有一定的成效，但是这个地带紧密相连的生命之网已经被破坏。叉角羚和鼠尾草松鸡将和鼠尾草一同消失，黑尾鹿群会遭受重创，这里的土地会随着野生植物被清除而变得更加贫瘠。就连在改良计划中受益的牧场牲畜也会受到牵连。因为无论夏季的青草有多么茂盛，缺少了鼠尾草、多年生禾草和其他植物的话，羊群都无法撑过冬日的暴风雪天气。

这些后果只是初期的、肉眼可见的。另一种后果则与人类对大自然施行的手段有关：在喷洒农药的同时，很多非目标植物也惨遭毁灭。法官威廉·奥威尔·道格拉斯在他的著作《我的荒野：东至卡塔丁》一书中讲述了美国林业局在怀俄明州布里杰国家森林中破坏生态的案例。迫于牧民要求扩张牧场的压力，林业局在万余英亩的鼠尾草地带喷洒农药。鼠尾草如他们所愿被清除，但是生长在蜿蜒小溪边的柳树也被完全毁坏。麋鹿生活于柳树之间，柳树之于麋鹿，相当于鼠尾草之于叉角羚。河狸也曾在此间生活，以柳树为食，啃断柳树枝，在水面上建造颇为牢固的堤坝，将小溪分隔成一个个小水塘。在山涧生长的鳟鱼很少能够长到 6 英寸长，但是在小水塘中能够长到 5 磅重，吸引了众多水鸟前来。因为柳树和生存于其间的河狸，这里成为一个极具诱惑力的渔猎休闲区。

但是，随着林业局推行改良计划，农药清除了鼠尾草，也令柳树遭了殃。喷洒农药的 1959 年，道格拉斯到访此地，被眼前枯萎、垂死的柳树所震惊，称这是场“令人难以置信的浩劫”。麋鹿会怎么样呢？河狸和它们创造的小池塘又如何呢？一年之后，他前来回访，想要在这片浩劫之地找到答案。这时候，麋鹿和河狸早已踪迹全无。没有了河狸的精心呵护，堤坝和小水塘早已毁坏，肥美的鳟鱼也销声匿迹。涓涓细流在贫瘠、燥热的土地上流过，没有一丝生气。这里的生态世界被彻底破坏。

除了每年有400多万英亩的牧场被喷洒农药之外，大面积其他类型的土地也将要使用或正在使用化学药剂除草。比如说，公共事业公司管控着一片面积比新英格兰地区还大的地方（约5000万英亩），其大部分的土地每年都会接受“灌木丛防治”。在美国西南部地区，约有7500万英亩的牧豆树需要用化学药剂进行除灌。一片具体面积不详但很大的木材产区被喷洒了药剂，目的是在抗药性更强的松柏中“清除”阔叶硬木。自1949年以来的10年中，被除草剂处理过的农田面积增加了一倍，达到5300万英亩。如今，私家草坪、公园和高尔夫球场接受除草剂喷洒的面积加起来必定是个天文数字。

化学除草剂是一种绚丽的新式“玩具”，威力惊人，给使用者一种凌驾于大自然之上的优越感，而隐藏的潜在后果则很容易被忽视，被当成毫无根据的悲观主义臆测。“农业工程师”大力鼓吹“化学耕种”，宣称犁铧将彻底被喷枪所取代。成百上千的社区管理者盲目听信药物推销员和经销商的话，相信他们能够在花费不高的前提下清除路边的灌木丛，甚至比割草都便宜。也许，官方统计的数据为他们的说辞提供了强有力的佐证。但是，真正的成本不能仅仅以美元计算，还要考虑其他弊端：大规模的化学药物广告会产生巨额的费用，而农药对环境及各种生物造成的长期危害也不可估量。

商家历来重视游客评价，我们不妨以此为例。曾经美丽无限的路边风景被化学喷剂严重破坏，蕨类植物、野花和浆果点缀的灌木丛被一片枯萎、焦黄的植被所取代，因而，反对使用化学除草剂的呼声越来越高。一位新英格兰的妇女写信给当地报纸投诉："道路两边正因为我们的不当措施而变得肮脏、晦暗且死气沉沉。我们曾花大价钱宣传这里的美景，这幅景象绝不是游客想要看到的。"

1960年夏，来自美国各州的环保人士齐聚一堂，在缅因州一座静谧的小岛上聆听全美奥杜邦学会[①]主席米莉森特·托德·宾汉姆的演讲。演讲的主题是如何保护自然景观，保护复杂的生命之网。然而，与会嘉宾个个义愤填膺，谈论的话题始终离不开道路两旁的风景遭到严重破坏的问题。以前，在四季常青的森林中穿行，月桂、香蕨木、赤杨和越橘令人心旷神怡。现如今，这里只剩下一片荒芜。一位与会者如此描述缅因州会议之旅："会议归来，我对道路两边的萧索景象感到愤怒。前几年，这里的公路两边长满了漂亮的野花和灌木，但是现在却满目疮痍。此番景象让游客兴趣索然，缅因州能够承担得起因此而造成的损失吗？"

在全美范围内，打着清理路旁灌木旗号的无意识破坏活动正在推行，缅因州只是其中一例。不过对于深爱缅因州风景的人来说，这的确是一件令人心痛的事情。

康涅狄格州植物园的专家说，清除美丽的灌木丛和野花，对道路两旁的生态来说简直就是一场灾难。杜鹃、山月桂、蓝莓、越橘、荚蒾、山茱萸、月桂、香蕨木、矮唐棣、北美冬青、北美稠李、野李子在化学药剂的威力下奄奄一息，而雏菊、黑心金光菊、野胡萝卜花、秋麒麟草、秋紫菀也都无一幸免。

① 奥杜邦学会，美国一个非营利性民间环保组织，以美国著名画家、博物学家奥杜邦来命名。

农药的喷洒不仅缺少规划,还存在滥用的情况。在新英格兰南部的一个小镇,一位承包商在工作结束之后径直将药筒里剩余的药剂倾倒在没有获准施洒农药的路旁。结果,道路两旁,金黄、靛紫交相辉映的秋日美景不复存在。在新英格兰的另外一个小镇,有位承包商未经公路管理部门许可,私自更改农药喷洒标准,擅自将路边植物的喷洒高度由 4 英尺改为 8 英尺,在树体上留下一道极宽的棕褐色瘢痕。马萨诸塞州的一名社区官员从一个热情满满的药物销售人员手中买了一种除草剂,却不知道其中含有砷。在路两旁喷洒该除草剂的后果之一,就是十几头奶牛中毒身亡。

1957 年,沃特福德镇将除草剂喷洒在道路两旁,结果导致康涅狄格州植物园中的树木受到严重损毁,甚至那些没有被直接喷药的高大树木也未能幸免。虽然正值生机盎然的春天,但是橡树的叶子却开始卷曲并枯萎。而新生的树枝长速惊人,全部垂了下来。半年之后,原来的大树枝全部枯死,其他树枝上的树叶也都凋零,只剩下一派扭曲、衰败的景象。

众所周知,一条景色优美的道路两边往往生长着大片赤杨、荚蒾、香蕨木和刺柏。季节变换,娇艳的花朵散发出不一样的芬芳。秋季来临,一串串果实仿佛宝石挂在枝头。路上没有太多车辆,几乎没有灌木丛会在急转弯和岔路口阻碍司机的视线。但是在喷药人员接管这里之后,这条道路变得让人唯恐避之不及。人们会快速通过这里,看着眼前的景象默默悔恨:正是我们放任农药这种新科技产物横行,才使得这里变得贫瘠而丑陋。得益于某些地方政府官员的“监管不力”,在严密的灌木丛防治计划下,几处美丽的绿洲成了“漏网之鱼”。然而,正是在这些绿洲的衬托下,惨被摧残的道路两旁的景象更令人难以接受。随风摇曳的白花苜蓿、蔓延成片的紫色野豌豆花和随处可见的宛如火焰的百合花，都会让我们精神为之一振。

对于销售和使用化学药剂的人来说，这些植物都是“杂草”。我曾在如今定期召开的某杂草防治会议的论文集中看到了一篇关于除草哲学的奇葩论文。这篇文章的作者认为，“有益的植物”被清除是因为“它们与杂草生长在一起就是有害的”。他说，那些坚持反对清除路边野花的人让他想起了反对活体解剖的人，“若按照他们的观点，一只流浪狗比一个孩子的生命要重要得多”。

按照这个作者的观点，我们中的大部分人都是毫无疑问的性格扭曲者。因为我们偏爱野豌豆、苜蓿草和百合花那种转瞬即逝的美丽，却对路旁那些枯萎焦黄的灌木丛和低垂耷拉的欧洲蕨视而不见。我们竟然能够容忍这样遍布“杂草”的景象，却丝毫不为它们被清除而感到高兴，更没有为人类战胜邪恶的大自然而欢欣鼓舞，这简直令人难以置信。

道格拉斯法官曾提起他参加的一次联邦专家会议，讨论居民反对用农药清除鼠尾草的计划（此前提到过的那个计划）。他们普遍认为，一个老太太因野花也会被清除而进行抗议这个行为简直可笑。“如同牧场工人有权寻找牧草，伐木工人有权寻找木材，难道她就没权利去寻找天香百合和虎皮百合吗？原野赋予人类的审美价值，不啻山脉中的金矿、铜矿和山上的树木。”这位极富同情心又有远见的法官说道。

当然，对美的追求仅仅是保护路旁植被的原因之一。在自然界中，自然植被不可或缺。乡村道路两旁和田间地头的灌木丛为鸟类提供了觅食、栖息和筑巢之所，也是很多小动物的家园。仅美国东部地区的路旁就生长着70余种典型灌木和藤蔓植物，其中65种是野生动物重要的食物来源。

这些灌木还是很多野蜂和其他授粉昆虫的栖息地。人们普遍意识不到自己对这些野生的授粉动物有多依赖,甚至连农民都很少能意识到野蜂的价值,因而常常参与灭蜂行动。不少农作物和野生植物部分或者全部依赖于当地授粉昆虫传播花粉。能够为农作物进行授粉的野蜂多达几百种,而为苜蓿花授粉的就有百余种。如果没有这些昆虫授粉,绝大部分旷野中能够保持、滋养土壤的植物就会死去,进而影响整个地区的生态平衡。森林和牧场中的许多牧草、灌木和乔木都要依靠昆虫授粉进行繁殖,如果没有这些植物,很多野生动物和牧场牲畜将无食可吃。现如今,精耕法和化学药物将灌木和杂草清除,夺走了授粉昆虫的家园,从而切断了生命之间的链条。

如我们所知,这些昆虫对农业和自然景观极其重要。我们应该对它们礼遇有加,而不是对其栖息之所进行肆意破坏。蜜蜂和野蜂对秋麒麟草、芥菜、蒲公英等“野草”的依赖性很强,因为这些植物的花粉能够为幼蜂提供食物。苜蓿开花之前,野豌豆花为蜜蜂提供了必要的食物,帮它们度过春荒。秋天,没有其他食物来源,蜂类就依靠秋麒麟草储备能量过冬。在大自然精确的时间安排下,一种野蜂能够不早不晚恰好出现在柳树开花的那一天。知晓这些道理的人不在少数,但很遗憾,那些下令对大自然大规模喷洒药剂的人不在这里面。

那么,那些自以为懂得保护野生动物固定栖息地的价值的人表现如何呢?他们中的大多数人认为,除草剂比杀虫剂毒性弱,因而“无害”。他们断言,除草剂没有什么危害。但是,大量除草剂随着雨水进入森林、田野、沼泽和牧场,对野生动物的栖息地造成永久性破坏。而从长远来看,将野生动物的栖息地和食物毁掉,可能比直接杀死它们危害更严重。

用化学药物清除路旁植被的做法在两个方面极具讽刺意味。大量使用农药不仅没有解决问题,反而使问题更加严重。事实证明,地毯式喷洒除草剂并不能彻底清除路边的灌木丛,需要年复一年不断喷洒。更具讽刺意味的是,尽管我们知道精准喷洒除草剂的做法更为妥善,可以实现对植被的长期控制,无须反复喷洒,但仍固守地毯式喷洒法。

防治路边灌木丛不是为了将除青草之外的所有植物都清除掉,而是为了将那些阻碍驾驶员视线或妨碍电缆布置的高大灌木清除。一般来说,清除的对象就是高大的灌木或乔木。大多数灌木其实并不高大,没有什么安全隐患,更别提蕨类植物和野花了。

精准喷药法是弗兰克·艾戈勒博士担任美国自然历史博物馆公路灌丛防治委员会主任时提出的。这种方法利用了自然的内在稳定性,因为大部分灌木具有抵御乔木入侵的特性。相比较而言,草地更容易被乔木树苗入侵。精准喷药的目的并不是在路边培植牧草,而是通过处理高大的树木来保护其他植物。精准喷药可能一次就会奏效,如果有耐药性比较强的植物,可以再追加一次。如此一来,不仅灌木丛能够得到很好的防治,高大的乔木也不会卷土重来。所以,效果最好、花费最少的防治措施不是使用化学药剂,而是利用其他植物。

精准喷药法已经在美国东部的部分地区进行了测试。结果显示,只要处理得当,受测地区植被就能够维持稳定的状态,而且 20 年之内都不需要再次喷药。喷药通常由工人背着喷雾器徒步完成,可以实现对喷嘴的完全控制;也可以在卡车底盘上安装压缩泵和喷嘴,但绝对不能进行地毯式喷洒。喷洒的对象只能是那些必须清除的乔木和高大灌木。这样,环境的完整性得以保全,野生动物的栖息地不会被毁掉,灌木、蕨类植物和野花构成的美景也不会被破坏。

虽然精准喷药法已经开始在少数地方应用,但大多数情况下,人类难以改变自身的一些根深蒂固的习惯。地毯式喷药法经久不衰,不仅在持续增加纳税人的负担,还会破坏生态系统,但它仍然存在,原因就是大多数人根本不了解真相。一旦纳税人得知可以每 20 年才喷一次药且无须每年付费的话,他们肯定会要求使用更有效的喷洒办法。

精准喷药法优点诸多,其中之一是能够将用药量降至最低限度,不需要铺天盖地地喷洒,只要在需要根除的乔木根部进行有针对性的处理即可,这样做也把对野生动物的潜在危害降到了最低。

使用最广泛的除草剂是 2,4-D、2,4,5-T 以及相关化合物。这些农药是否有毒还存在争议。那些在自家草坪上使用 2,4-D 除草剂的人在接触药剂之后可能会患上急性神经炎,甚至会瘫痪。尽管这类案例不太常见,但是医学权威们还是建议谨慎使用这类药剂。使用 2,4-D 除草剂还可能造成一些隐性危害。实验结果显示,2,4-D 除草剂能干扰细胞呼吸的基本生理过程,还能像 X 射线一样破坏染色体。最近的一些研究显示,即使使用剂量远低于致死量,2,4-D 以及其他一些除草剂也可能对鸟类的繁殖产生不良影响。

除了直接的毒副作用,一些除草剂还会引发奇怪的间接后果。有人发现,一些动物,既包括野生食草动物也包括牲畜,会被某些施药植物所吸引,尽管这些植物并不是它们的天然食物。如果植物上施用的是含砷类剧毒除草剂,那么这些动物对枯萎植物的强烈食欲将会导致灾难性后果。如果碰巧植物本身有毒或者上面长有芒刺,那么即便只是施用了毒性弱的除草剂,也会造成致命后果。比如说,牧场上的牧草在喷药之后突然对牲畜产生了强大的吸引力,牲畜会因沉溺于这种异常的"口味"而死亡。兽医药物文献中类似案例很多:猪吃了喷过药的苍耳而染上重病;羔羊吃了喷过药的奶蓟草发病;蜜蜂在喷过药的荠菜花上采蜜而中毒。野樱桃的叶子本身就有剧毒,在喷洒过2,4-D除草剂之后会对牛产生致命的吸引力。显然,因喷药(或被割下来)而枯萎的植物吸引力更强。狗舌草的情况与此不同。除非是在食料匮乏的深冬和早春,否则牲畜不会碰这种草。然而,在喷洒过2,4-D除草剂之后,狗舌草却对牲畜产生了吸引力。

这个奇怪现象的诱因可能是化学药物改变了植物体内的新陈代谢。喷药之后,植物体内的糖分会显著增加,从而对动物产生更大的吸引力。

2,4-D除草剂的另一个奇怪的作用会对牲畜、野生动物和人类产生重大影响。大约10年前的实验表明,玉米和甜菜在经过这种除草剂的处理之后,硝酸盐的含量会飙升,而高粱、向日葵、紫露草、藜草、苋菜和荨麻均会出现类似反应。牲畜对其中大部分植物的兴趣都不大,但是一旦植物被喷洒过2,4-D除草剂,牲畜就会吃得津津有味。一些农业专家讲,许多家畜的死亡可以追溯到喷过药的野草身上。就反刍动物奇特的生理机能而言,体内硝酸盐的增加是一大威胁。反刍动物的消化系统极其复杂,包括一个分为4个腔室的胃。纤维素的消化是通过其中1个腔室的微生物(瘤胃细菌)作用完成的。一旦反刍动物食用了硝酸盐含量异常高的植物,瘤胃内的微生物就会对硝酸盐发生作用并将之转化为剧毒的亚硝酸盐,从而引发后续一系列的动物死亡事件。亚硝酸盐作用于血红素，产生一种能够禁锢氧气的褐色物质，使氧气无法通过肺部到达身体的各个组织，从而使动物在数小时内因缺氧而身亡。这样一来，牲畜食用喷洒过2,4–D除草剂的植物之后死亡就有了合理的解释。这种危险广泛存在于鹿、羚羊、绵羊和山羊等野生反刍类动物中。

尽管造成亚硝酸盐含量上升的原因多种多样（比如异常干燥的气候），但是2,4–D除草剂的销量和使用量不断上升也不容忽视。这种状况引起了威斯康星大学农业实验室的重视，其工作人员曾在1957年发布警示："被2,4–D除草剂清除的植物中可能含有大量硝酸盐。"这种状况不仅会危害动物，人类也同样难以幸免，这也解释了最近接连发生的"粮库死亡"事件。含有大量硝酸盐的玉米、燕麦或者高粱入库储存的时候，会释放出有毒的一氧化氮气体，给进入粮库工作的人带来致命危险。只要吸入几口一氧化氮就会导致吸入性肺炎。在明尼苏达大学医学院研究的一系列类似案例中，全部患者中，仅有一人存活下来。

荷兰科学家C.J.布雷约在总结除草剂使用状况的时候说："我们对大自然的做法就像大象闯入瓷器店内一样莽撞。在我看来，人类有时候太过于想当然，并不知道田野里哪些杂草是有害的，哪些又是有益的。"

极少有人会问杂草和土壤之间到底是什么关系。即便人类从狭隘的自身利益出发，也会知道杂草可能对土壤是有利的。众所周知，土壤与地下和地上的生物之间存在一种相互依存、互惠互利的关系。杂草从土壤中吸收必要的养分，也给土壤提供保护。最近，荷兰的某座城市花园为此提供了很好的佐证。花园中的玫瑰长势一般，人们从检测样品中发现，土壤中存在大量线虫。荷兰植物保护局的专家们并没有建议喷洒化学药剂或者对土壤进行治理，而是推荐人们间种一些金盏花。毫无疑问，金盏花会被纯化论者定义为杂草。实际上，金盏花根部的一种分泌物能够杀死线虫。人们采纳了这一建议，但是为了对比，只选择一部分土壤间种金盏花。结果，在金盏花的帮助下，玫瑰长势良好；没有金盏花的帮忙，玫瑰大都耷拉着脑袋，萎靡不振。现如今，金盏花在很多地方都被用来对付土壤中的线虫。

很多被人类无情清除的植物可能会以一种不为人知的方式对土壤的健康发挥作用。自然植物群落（通常被蔑称为“杂草”）的一个重要作用就是评估土壤质量。当然，在使用化学除草剂的地方，它们的这种功能早已消失。

通过喷洒农药来解决问题的人忽略了一件具有重要科学意义的事情：人类需要保护自然植物群落。我们需要将自然植物群落作为参照来衡量人类活动对大自然的影响。它们还能为各种昆虫和其他生物的原始群体提供栖息地。本书的第十六章会详细讲述杀虫剂抗药性升级对昆虫和其他生物遗传因子的改变状况。一名科学家甚至建议，我们应当抢在昆虫的基因进一步改变之前，建立保护昆虫、螨虫以及类似种群的“专属园区”。

不少专家就除草剂的广泛使用对植被产生的细微却深远的影响发出警示。2,4–D除草剂在杀死阔叶植物的同时，会使草类因失去竞争对手而疯长。如今，一些草类泛滥成灾，成为需要清除的“杂草”，引发新的除草循环作业。最近一期的农业杂志提到：“2,4–D除草剂的广泛使用抑制了阔叶植物生长，却使得草类疯长，威胁玉米和大豆产量。”

容易诱发花粉症的豚草就是一个人类企图控制自然反而遭受其害的鲜明例子。人类打着防治豚草的旗号向道路两旁喷洒了成千上万加仑的化学药剂。然而，不幸的是，这种喷洒方式非但没有减少豚草的数量，反而使其生长得更加繁茂。豚草是一年生草本植物，幼苗生长需要开阔的空间。因此，防治豚草最好的方式是保证其周围的灌丛、蕨类植物和其他多年生植物的茂密生长。频繁喷洒农药的后果就是这些保护性植被被摧毁，为豚草幼苗生长提供了开阔的空间。另外，空气中的豚草花粉可能与郊区路边的豚草关系不大，更多是来自市区和休耕农田。

马唐草专用除草剂销量猛增是这种错误做法的另一佐证。比起每年重复使用除草剂，有种更省钱、更有效的方法能够清除这种草，那就是选择马唐草竞争不过的其他草种，令马唐草在竞争中失去生存优势。这样一来，马唐草只能在其他草种长势不好的地方生存，这是其特性而非植物疾病。人们通过保持土壤肥沃，让其他草类茁壮成长，就有可能创造出一个不适合马唐草生长的环境，因为马唐草的成长需要开阔的空间。

人们对这些信息置若罔闻，反而听信受药剂经销商蛊惑的苗圃工人之言，每年在自家草坪上喷洒大量除草剂。很多化学药剂中含有汞、砷、氯丹等多种有毒物质，而这些根本无法从各种商品名称上体现出来。如果按照建议的喷洒剂量喷洒，大量毒素会残留在草坪里。比如说，一种农药如果参照施用指南进行喷洒，就相当于在每英亩土地上使用 60 磅氯丹。如果替换成另一种农药，就相当于在每英亩土地上投放 175 磅砷。我们在后续的第八章会谈到，因此而死亡的鸟类数量触目惊心。而这些喷洒过药剂的草坪到底会对人类产生何种危害，我们还不得而知。

对路旁植被进行精准喷药的成功让人们看到了健康生

态防控的希望，这种喷药方式可以应用到农场、森林和牧场等处的防治计划之中。用这种方法喷药的目的不是去毁灭某一种植物，而是将整片植被作为一个生物群落来对待。

一些成功的事例彰显了人类在植物防治方面的能力。生物控制在抑制多余植物生长方面已经取得了显著的成绩。大自然也曾遇到过人类现在面临的难题，通常，它会用自己的方式将这些问题解决。人类如果足够聪明，学会观察自然、模仿自然，必定能够取得成功。

加利福尼亚州克拉马斯草的处理就是这方面的典型案例。1793 年，克拉马斯草首次出现在宾夕法尼亚州的兰开斯特市附近，并于 1900 年传播至加利福尼亚州克拉马斯河附近，并因此而得名。1929 年时，这种草已经在 10 万英亩的牧场中蔓延，而到了 1952 年，克拉马斯草的占地面积已经高达 250 万英亩。

与鼠尾草等本地杂草不同，克拉马斯草在当地的生态系统中没有位置，不被其他生物所需要。更严重的是，凡是有克拉马斯草出现的地方，牲畜进食后都会“满身疥疮，口生溃疡，了无生气”，土地的价格也会因为这种草的存在而下跌。

但是，克拉马斯草在欧洲从来就没造成过什么严重问题，因为很多昆虫以它们为食，克拉马斯草的规模得到了抑制。尤其是来自法国南部的两种豌豆大小、带有金属光泽的甲虫，它们完全以克拉马斯草为食，并靠着这种草繁衍生息。

1944 年引进这两种甲虫的操作具有划时代的意义，代表着北美地区首次使用食草昆虫来进行植物防治。到了 1948 年，这两种昆虫的繁殖已步入正轨，无须再从欧洲进口。人们首先从原生地收集甲虫，然后以每年数百万只的数量将其投放出去，使甲虫完成扩散。在小片区域之内，甲虫会自行扩散，一旦克拉马斯草消失，它们就开始转移到新的领地。在甲虫有效抑制了克拉马斯草的生长之后，牧民所需要的牧草变得肥美茂盛起来。

1959 年完成的一项历时 10 年的调查显示，克拉马斯草的防治在甲虫的帮助下“远超预期”，其数量已经锐减至原来的 1%，剩余的草已经构不成什么危害，而且有必要将其保留，以便使甲虫维持在一定数量，防止克拉马斯草卷土重来。

澳大利亚也有花销低却非常成功的杂草防治案例。早期的殖民者习惯将一些生物带到新的国家。约在 1787 年，一位名叫亚瑟·菲利普的船长将各种仙人掌带到了澳大利亚，用它们来培育可以制作染料的胭脂虫。其中一些仙人掌从院子里扩散出去，到了 1925 年，野生的仙人掌已经达到 20 种。在这片新的土地上，不受自然控制的仙人掌开始了惊人的扩张，最终占据了 6000 万英亩的土地。其中大半土地上的仙人掌生长繁密，导致土地丧失了使用价值。

1920 年，一批澳大利亚昆虫学家前往南、北美洲，研究当地仙人掌的昆虫天敌。经过对几种昆虫的反复试验，1930 年，他们将 30 亿颗阿根廷飞蛾卵带回澳大利亚进行投放。7 年之后，最后一大片长势繁密的仙人掌被清理，本来变得不太宜居的地方又可以供人类居住并放牧了。整个过程的花销为每英亩不足 1 便士。与之相反的是，早期那些效果不佳的化学药剂成本高达每英亩 10 英镑。

这些案例表明，人们想要防治多余的植物时，可能需要更多地关注食草昆虫的作用。这些昆虫在食草动物中也许属于比较挑剔的，但它们极其严苛的进食选择也很容易为人类做出贡献，然而，牧场管理科学却基本上忽略了这种可能性。[2]

[2] 本章列举了正反两方面数个案例，充分证明植物与地球、植物与植物以及植物与动物之间有着密切又重要的关系。慎用除草剂、保护植物是作者的基本观点。

第七章 无谓的浩劫

人类在征服大自然的过程中造成的破坏令人心痛。人类的行为不仅破坏了地球,还对与之共享家园的其他生物产生了严重危害。过去的几个世纪见证了很多恶性事件:美国西部平原水牛遭遇灭顶之灾;水鸟被商业狩猎者疯狂捕杀;白鹭因为美丽的羽毛而被疯狂屠戮。[1] 如今,在这些伤痕累累的事实面前,人类变得愈发残暴:不加区分地向土壤中喷洒杀虫剂,致使鸟类、哺乳动物、鱼类等众多野生动物死亡。

[1]“灭顶之灾”“疯狂捕杀”“疯狂屠戮”,连续几个事例将人类的“残暴”展现得淋漓尽致。

在生存理念的指导下,人类的喷雾枪所向披靡。在消灭昆虫的战斗中,那些无辜受到牵连的受害者根本就无法引起人类的丝毫注意。如果知更鸟、野鸡、浣熊、猫或者牲畜恰巧和害虫在同一地区栖息并被杀虫剂伤害,没人会为此提出抗议。

那些为受害的野生动物主持公道的人如今正面临进退两难的境地。一方面,环保人士和野生动物专家断言,杀虫剂对野生动物的伤害非常大,甚至会影响其生死存亡。另一方面,昆虫防控部门仍然坚持否认杀虫剂可能造成的伤害,断言即使伤害真的存在,也不会太严重。那我们到底应该接受哪种观点呢?

目击证人的可靠性尤为重要。处于现场的野生动物专家对于农药是否会伤害野生动物最有发言权。昆虫学家由于专注于昆虫研究,往往具有局限性,不愿意承认昆虫的防控行动会带来不良的后果。联邦政府和各州的昆虫防控专家（当然还有杀虫剂生产厂家）一直对野生动物专家的言论持否定态度，并声称没有发现任何野生动物受到误伤的证据。他们犹如《圣经》中的祭司和利未人，选择躲到一边，对事实视而不见。即使我们足够宽容，将他们的这种行为定性为目光短浅、心怀私利，那也不意味着我们应该将他们视为有“资质”的证人。

要形成我们自己的判断，最佳方式是着眼于一些大型的昆虫防控计划，并向那些熟悉野生动物习性且对杀虫剂毫不偏袒的观察者请教，当药剂像雨水一般倾泻而下时，野生动物界到底会发生哪些变化。

对于鸟类观察者、在自家花园中以赏鸟为乐的郊区居民、猎人、垂钓爱好者以及荒野探险者来说，任何伤害野生动物的行为——哪怕持续时间仅仅一年——都会让他们失去享受快乐的权利。这个说法不是危言耸听。尽管有时候人们喷过一次农药之后，某些鸟类、哺乳动物、鱼类会恢复过来，但是这种行为还是会使它们遭受严重的伤害。

事实上，野生动物种群自行恢复的可能性微乎其微。人们通常倾向于反复喷药，而野生动物哪怕只和药剂接触过一次，恢复的可能性也相当小。喷药的后果通常是造就了一个有毒的环境，形成致命“陷阱”，不仅让原本生活在此处的动物惨遭毒手，还令新迁入的动物也难逃厄运。喷药面积越大，危害就越严重，因为广泛喷洒之下根本就没有安全的“绿洲”。在以昆虫防治计划为标志的 10 年里，私人和公共用地的药物喷洒面积持续扩大，而美国野生动物的伤亡也在不断增加。我们有必要审视一下这些昆虫防控计划，看看到底发生了什么。

1959 年秋，密歇根州东南部，包括底特律市郊区在内的

2.7 万亩土地，都被从空中喷洒的大量艾氏剂笼罩着。艾氏剂在所有的氯化烃药剂中危险性最大。这次行动计划由密歇根州和美国农业部联合实施，目的是防控日本金龟子。

其实这次猛烈而危险的清除计划并没有太大的必要。密歇根州最负盛名、学识最渊博的博物学家沃特·P. 尼克尔对该计划持反对态度。他毕生致力于田野研究，每年夏天都要在密歇根州南部待很长时间。他说："30 多年来，根据我的经验判断，底特律的日本金龟子数量很少，而且在过去几年都没有明显增加。整个 1959 年，除了在政府设在底特律的捕虫器里见到过几只之外，我还没在别的什么地方见过日本金龟子……由于一切都在暗中进行，我也从未得到过金龟子数量增多这类信息。"

密歇根州政府官方消息称，拟对日本金龟子"大量出现"的区域实施农药空中喷洒作业。尽管缺乏正当理由，但是这个计划依旧开展得如火如荼：州政府提供人力与监管计划，联邦政府提供设备与后备人员，各个社区分摊杀虫剂费用。

日本金龟子是一种被意外引进美国的昆虫。1916 年，人们在新泽西州利佛顿市的一个苗圃中发现了一些闪耀着金属光泽的绿色甲虫，起初并不认识它们，后来才确认这些昆虫在日本群岛很常见。显然，它们是在 1912 年美国国会施行限制条例之前随着苗木进口入境美国的。

进入美国之后，由于气温和降雨都很合适，日本金龟子在密西西比河以东的多个州开始快速传播，而且每年都会向新的领地扩张。在日本金龟子最初扩张的东部地区，人们尝试启用自然防控计划。不少记录显示，在实施自然防控计划的地区，日本金龟子的数量被控制在较低水平。

尽管东部地区已经有了值得借鉴的金龟子防控经验，但处于日本金龟子分布边缘地带的中西部各州却如临大敌，不惜动用最危险的杀虫剂来对付这种危害很小的昆虫，致使大量居民、牲畜及野生动物暴露在原本仅为了对付日本金龟子的药剂之下。消灭日本金龟子导致大批动物死亡，甚至人类也面临着危险。打着防控日本金龟子的旗号，密歇根州、肯塔基州、艾奥瓦州、印第安纳州、伊利诺伊州和密苏里州等很多地区都实施了杀虫剂喷洒作业。

密歇根州是最早通过大规模空中农药喷洒防控日本金龟子的州之一。之所以选择艾氏剂这种剧毒药剂，不是因为它最合适，而是因为它花费的钱最少。虽然州政府在透露给媒体的消息中承认，艾氏剂是“有毒”的，但也宣称这种药物不会对人口密集的地区造成危害（针对公众“我们应该采取哪些预防措施”的疑问，官方的回复一般是“什么都不用做”）。后来，美国联邦航空局的一位官员在当地媒体上说：“这次空中喷洒非常安全。”底特律公园和休闲娱乐部的一名代表也附和道：“艾氏剂对动植物和人类都没有危害。”毋庸置疑，这些官员根本没有读过美国公共卫生署、鱼类及野生动植物管理局业已发布、随手可得的艾氏剂毒性分析报告，也没有查阅其他机构发布的艾氏剂含有剧毒的相关文献。

根据密歇根州的害虫防治法律，州政府无须通知个人或者得到个人同意便可以进行农药喷洒。于是，无数架飞机开始在底特律的低空作业。随后，市政府和联邦航空局的电话就被焦虑的市民“打爆”了。《底特律新闻报》称，1 小时内的投诉电话高达 800 通。随后，警方向电台、电视台和报社求助，向市民解释他们所见到的是什么情况，并告知他们这是一次安全无害的喷洒过程。联邦航空局的一名安全官员向民众保证，“飞机是受到严密监控的”，并且也有“低空作业授权”。他甚至错误地补充说，飞机上有安全阀门，可以瞬间将所有杀虫剂倾倒出去。万幸，这种情况并未发生。在飞机进行低空作业的时候，杀虫剂颗粒不仅落到了日本金龟子的身上，也落到了人的身上。大量号称“无毒害”的毒药落在外出购物和工作的人身上，落在午餐时间放学的孩子们身上。家庭主妇将门廊和人行道上的小颗粒扫在一起，据说“看起来像雪一样”。后来，密歇根州奥杜邦协会指出：“在屋顶木瓦的缝隙中，在檐沟里，在树皮和树枝的裂缝里，布满了数以百万计针尖大小的艾氏剂白色颗粒……一旦雨雪降临，每个水坑里的积水都会变成致死的毒药。”

空中喷洒进行了几天之后，底特律奥杜邦协会便开始接到报告鸟类死亡的电话。该协会秘书长安妮·博伊斯女士说：“周日的早晨我接到了一名妇女打来的电话，说她在从教堂回家的路上看到了很多濒死或已死的鸟。这说明人们开始对空中农药喷洒的后果感到担忧。该地区在周四喷洒过农药。那位妇女说，自那以后，周围已经看不到飞鸟的踪影。她还说，她家后院至少有 12 具小鸟的尸体，邻居甚至还发现了死松鼠。”同一天，博伊斯女士接到的电话还报告说：“大量死鸟，无一幸免……院子里设有饲鸟器的人也说，根本就没有鸟类前来觅食。”濒死的鸟集体呈现出典型的杀虫剂中毒症状：颤抖、乏力、麻痹、抽搐。

受到直接影响的动物不仅仅局限于鸟类。一位当地的兽医报告说，他的诊所里挤满了前来给自己的猫和狗看病的人。猫会相当细致地舔爪子，一丝不苟地梳理自己的毛发，所以看起来病情最严重。它们的主要症状是严重腹泻、呕吐和抽搐。兽医能给的建议就是尽量让猫待在室内，若是外出，回家后要立刻清洗爪子（蔬菜和水果上的氯化烃无法清洗掉,所以这种防护措施的作用很小)。

尽管整个底特律地区的卫生专员坚称这些鸟是被“其他喷剂”毒杀的,人接触艾氏剂后出现咽喉和胸腔过敏的情况也一定是“其他物质”造成的,但卫生部门还是接到源源不断的投诉。底特律一位优秀的内科医生曾在1个小时内被请去为4位病人诊疗,这4个人都是在观看空中喷洒作业的时候接触了杀虫剂,其症状相仿——恶心、呕吐、发冷、发烧、乏力且咳嗽。

由于使用化学药剂防控日本金龟子的呼声高涨,在底特律发生的情形在其他地区也陆续上演。在伊利诺伊州的蓝岛市,人们捡到了上千只死亡或濒死的鸟。从收集鸟的人那里得来的数据表明,惨遭毒害的鸣禽多达80%。1959年,伊利诺伊州乔利埃特市约3000亩土地经过了七氯处理。根据当地一家狩猎爱好者俱乐部的报告,处于处理区域内的鸟类“几乎被消灭殆尽”。死去的兔子、麝鼠、负鼠和鱼随处可见。当地的一所学校收集了那些被杀虫剂毒死的鸟类,便于开展科研工作。

为了让日本金龟子销声匿迹,伊利诺伊州东部的谢尔顿市和易洛魁县周边付出了惨痛代价。1954年,美国农业部联合伊利诺伊州农业局沿着日本金龟子入侵该州的路线进行清剿,期望借助高密度的喷药行为消灭所有的日本金龟子。人们在当年就启动了第一次“清剿行动”,向1400英亩土地实施空中艾氏剂喷洒作业,次年又对另外2600英亩土地进行了类似作业。本以为任务已经完成,但是,越来越多的地区要求进行化学防控。截至1961年末,农药喷洒的面积已达13.1万英亩。在喷洒药物的当年,野生动物和家畜就已经伤亡严重。即便如此,在并未取得美国鱼类及野生动植物管理局或伊利诺伊州狩猎管理部门同意的情况下，药剂喷洒行动仍然在推进。（然而，1960年春天，农业部官员在一次国会会议上反对一项要求提前协商的议案。他们委婉地指出，合作与协商是“经常性的”，没有必要为此专立议案。这些官员此刻忘记了“华盛顿层面”那些不予合作的情况。就在当天的听证会上，他们也明确表示，不愿与各州渔业和狩猎管理部门协商。）

虽然化学防治的资金源源不断，但是伊利诺伊州自然历史调查所中那些试图测定化学防控手段对野生动物造成伤害的生物学家却严重缺少经费。1954年，他们雇用野外调查助手的经费仅为1100美元，而在1955年，这项经费甚至被取消。生物学家们克服种种困难，收集到大量证据，为人们呈现出一幅野生动物遭遇灭顶之灾的悲惨景象——这个结果早在计划实施之初便已十分明显。

食虫鸟类的中毒程度不单单取决于所使用的杀虫剂种类，还与杀虫剂的喷施方式有关。在谢尔顿市的早期计划中，每英亩土地狄氏剂的用量为3磅。如果想要了解该药对鸟类的影响，只需记住，在实验室里对鹌鹑所做的实验表明，狄氏剂的毒性是DDT的50倍。因此，喷洒在谢尔顿市每英亩土地上的药剂大概相当于150磅DDT！这个数字还只是最小估值，因为人们会在农田的边界处和角落里重复喷洒。

化学药剂渗入土壤之后，中毒的金龟子幼虫会从土壤里钻出来，爬到地面上继续存活一段时间。钻出地面的幼虫会吸引食虫鸟类前来捕食。两个周之后，地面上还会出现各种死亡或濒临死亡的昆虫。这对于鸟类数量的影响不难预料。褐弯嘴嘲鸫、八哥、草地鹨、鸊鷉和野鸡全都销声匿迹。有生物学家称，知更鸟“几乎完全灭绝”。一场细雨之后，被毒死的蚯蚓随处可见；知更鸟可能食用了中毒的蚯蚓。对其他鸟类来说，情况亦是如此。在化学药剂的不良作用下，曾经有益的雨水变成死亡之水。喷药几天之后，那些在雨水坑里喝过水、洗过澡的鸟类显然都没能逃脱死亡的厄运。

侥幸活下来的那些鸟丧失了生育能力。尽管在喷洒过农药的地方还有鸟巢，甚至个别鸟巢里还有鸟蛋，但人们没有发现幼鸟的踪迹。

哺乳动物之中，地松鼠已然遭遇灭顶之灾，尸体呈中毒暴毙状。在喷药地区，人们还发现了死麝鼠，在田野里发现了死兔子。曾经随处可见的黑松鼠在喷药之后也都消失殆尽。

在谢尔顿市，清剿日本金龟子的行动开始后，农场里几乎看不到猫的踪影。在第一次狄氏剂喷洒过后，农场里 90%的猫都出现了中毒症状。由于类似的恶性事件在别处出现过，所以谢尔顿市本可以预防。猫对所有的杀虫剂都非常敏感，尤其是狄氏剂。世卫组织在于爪哇西部开展的抗疟运动中曾发表过多起猫中毒死亡的报告，猫的数量锐减，导致其售价翻倍。与此类似，世卫组织在委内瑞拉进行的喷药活动导致猫大面积死亡，从而使其变成稀有动物。

在谢尔顿市抗击日本金龟子的战役中，遭受厄运的远不止野生动物和家养宠物。对牛群和羊群的观察显示，牛、羊都出现了中毒和死亡情况。自然历史调查所对其中的一个案例做了如下描述：

> 羊群穿过一条砂砾小路，从 5 月 6 日喷洒过狄氏剂的田野上被赶到对面一块面积很小、未曾喷药的小牧场上。显然，一些药剂粉尘已经越过砂砾路，

> 落到了小牧场上，因为羊群在到达之初就出现了中毒的症状……它们不愿意吃草，焦躁不安，沿着牧场栅栏转来转去，急切想要找到出口……它们不愿意被驱赶，不停咩咩地叫着，耷拉着脑袋。最后，它们被想方设法弄出了牧场……羊群显得极度嗜水。人们在流经牧场的溪流中发现了2具羊的尸体，剩下的羊在被多次驱赶之后才勉强上了岸，甚至有几只羊被硬生生从水边拖走。最终，又有3只羊死于非命，剩余的慢慢恢复过来。

这次事件发生在1955年底。尽管化学战争在随后的几年里愈演愈烈，但是研究所需的经费早已断流。自然历史调查所每年都会把用于野生动物和杀虫剂的研究经费列入年度预算，但是预算总在第一时间被州立法机构否决。直到1960年，一名野外调研助手的薪酬才发放到位，而他需要同时承担4个人的工作量。

从1955年开始，研究中断。当生物学家在1960年重启研究的时候，野生动物受伤害的悲惨情形并没有任何改观。更甚的是，人类使用的化学药剂从狄氏剂变成了毒性更强的艾氏剂。鹌鹑实验证明，艾氏剂的毒性是DDT的100~300倍。在该地区生活的每一种哺乳动物多多少少都受到了伤害。鸟类的情况则更加糟糕。多诺万镇的鹪鹩、八哥、褐弯嘴嘲鸫和知更鸟都绝迹了。在其他地方，上述鸟类与其他鸟类的数量锐减。打野鸡的猎人对这场清剿日本金龟子的行动所造成的后果感触最深。在喷洒过药剂的地方，野鸡窝的数量减少了约一半，而孵化出的小野鸡数量也在减少。前些年，这里是打野鸡的绝佳之地，而如今，这里没有野鸡的任何踪迹,自然也就没有人来了。

人类打着清剿日本金龟子的旗号发起的这场毁灭性运动对大自然造成了巨大破坏。但是,在易洛魁县超过 10 万英亩的土地上进行的历时 8 年的日本金龟子防控行动显示,喷洒药剂所产生的抑制性效果只是暂时的,金龟子的西进运动一直没有停止。这场声势浩大的清剿行动收效甚微,而因此死亡的野生动物的真实数量可能永远不得而知,因为伊利诺伊州生物学家所估测的数量只是最小值。如果项目研究的经费充足,对喷洒药剂的地区进行全面调查,结果可能会更加令人难以接受。在实施日本金龟子防治计划的 8 年里,生物学家只有 6000 美元的经费来进行实地调研。然而,与此相对,联邦政府用于金龟子防控计划的经费高达 37.5 万美元,州政府还追加了数千美元。生物学家的研究经费竟然只是防控计划的零头。

中西部地区带着极大的恐慌情绪开展日本金龟子的清剿行动,似乎不惜一切代价对其进行阻击,认为危害甚大。然而,事实并非如此。在这些深受化学药剂毒害的地方,人们如果知道日本金龟子进入美国的早期历史,肯定不会默许这种肆意喷洒药剂的罪恶行径。

东部各州的运气好一些。它们遭受日本金龟子侵袭的时候,合成杀虫剂尚未研发成功。人们不仅成功对抗了虫灾,还在不危害其他生物的前提下有效控制了金龟子的数量。与底特律和谢尔顿市的大面积喷药相比,东部地区俨然什么事情都没发生过。东部采取的高效防控措施充分发挥了自然调控的力量,这类措施在持久性和环境安全方面具有多重优势。

在日本金龟子进入美国的最初十几年里,它们因为失去了本土的制约力量而迅速繁殖。但是到1945年为止，日本金龟子在扩散的地方并没有造成危害。其数量的减少主要是因为人们从远东地区引进了一种寄生虫，这种寄生虫成为金龟子的致命病原体。

从1920年到1933年，通过坚持对金龟子的原生地进行调研，科学家在东亚国家找到了34种肉食性或寄生昆虫，并将他们引入美国，对日本金龟子实行自然控制。5种昆虫在美国东部幸存下来，其中效果最佳、分布范围最广的是来自韩国和中国的一种寄生蜂。雌蜂在土壤中找到金龟子的幼虫之后，会向其体内注射一种毒液，使其麻痹，然后在其表皮上产1枚卵。蜂卵孵化之后，幼蜂会以金龟子幼虫为食，将其全部吃掉。在25年的时间里，通过各州政府与联邦机构的合作项目，东部有14个州引入了这种寄生蜂并进行大范围养殖，使其在整片区域扎下根来。昆虫学家普遍认为，这种寄生蜂在金龟子防控方面的作用至关重要。

一种细菌性疾病扮演了更加重要的角色，能够影响包括日本金龟子在内的整个金龟子科。这种细菌是一种特殊的微生物，不会攻击其他种类的昆虫，对蚯蚓、恒温动物和植物都没有危害。细菌的芽孢生长在土壤中，被日本金龟子的幼虫吞噬之后，会在其血液里迅速繁殖，使金龟子幼虫变成不正常的乳白色，因此这种疾病被称为“乳白病”。

乳白病于1933年首次出现在新泽西州。到了1938年，乳白病在日本金龟子较早侵入的地区已经相当普遍。1939年，政府开展了一项加速乳白病传播的日本金龟子防控计划。虽然找不到使这种细菌增殖的人工媒介，但是科学家们发现了一种令人满意的替代办法：将受感染的金龟子幼虫碾碎、晾干后与白灰混合，标准是每克混合物中含有上亿个细菌芽孢。从1939年到1953年,东部的14个州约有9.4万英亩土地接受了联邦机构与州政府的防控治理。隶属于联邦政府的其他土地也被一并处理,还有一大片不为人知的区域也接受了私人机构甚至个人的处理。1945年,乳白病已经在康涅狄格州、纽约州、新泽西州、特拉华州以及马里兰州肆虐。在一些实验区,金龟子幼虫的感染率高达94%。1953年,政府终止了该计划,并将其交给私人实验室负责,继续为个人、园艺俱乐部、市民协会以及其他对金龟子防控感兴趣的人提供服务。

推行该计划的美国东部地区目前已经实现了对日本金龟子的良好生态防控。由于导致乳白病的细菌可以在土壤中存活多年,因此可以说该防控手段永久有效——通过自然媒介持续扩散,防控效果日益增强。

既然东部地区的防控效果如此显著,那为什么饱受金龟子肆虐之苦的伊利诺伊州和中西部各州没有借鉴这种方法呢?

有一种说法是,乳白病芽孢接种法“价格过于昂贵”。但是,20世纪40年代的东部各州却没人会如此认为。究竟是用什么计算方式得出这个“过于昂贵”的结论的呢?这显然与对谢尔顿市药物喷洒计划所造成的全面破坏进行评估的方式完全不同。“过于昂贵”论者忽略了一个事实:乳白病细菌的芽孢只需要接种一次,没有任何追加成本。

还有一种说法是,乳白病细菌的芽孢不适用于日本金龟子活动范围的边缘地带,因为它们只能在金龟子幼虫密集的土壤中存活。这一观点跟那些支持药物喷洒的言论一样值得怀疑。导致乳白病的细菌至少能感染40种甲虫,这些甲虫的分布范围很广。即便在日本金龟子很少甚至没有的地方，这种细菌也能够存活下来。此外，由于该细菌的芽孢能够在土壤中长期存活，因此，也可以在还没有金龟子幼虫出现的区域像在金龟子幼虫分布的边缘地带一样引入乳白病细菌的芽孢，静待日本金龟子的入侵。

毫无疑问，那些想要看到短期防控效果的人，不管付出多少代价都会坚持使用化学药剂来对抗金龟子。因为化学防治会不断更新、投入，那些从“计划性淘汰”中拿到好处的人也会坚持使用化学药剂灭杀日本金龟子。

与之相反，那些希望得到圆满结果而心甘情愿等待一两个季度的人则会选用乳白病细菌芽孢：随着时间的推移，防控效果不但不会减弱，反而会增强。

美国农业部在伊利诺伊州的皮奥里亚实验室进行了一项颇为广泛的研究，希望找到一种人工培育乳白病细菌的办法。这将大幅度降低成本，还能够使这种防控手段得到更广泛的应用。经过数年努力，一些成果已经开始见诸报端。一旦这个“突破”完全实现，也许我们能够重拾在美国中西部地区化学防控浩劫中丧失的理性与洞察力。

伊利诺伊州东部农药喷洒事件所引发的问题不仅局限于科学层面，更属于道德层面。是否有哪一种文明能够对其他生命发动无情战争，却既不毁灭自己，也不会丧失“文明”的资格？

这些化学药剂没有自主选择性，它们无法把我们需要防控的那一类生物单独甄选出来。人之所以使用它们，唯一的原因就是其致命的毒性。因此，接触过它们的所有生物都会中毒，包括被主人深爱的小猫、农民饲养的耕牛、田间的野兔和在空中飞翔的云雀。这些动物不仅对人类没有危害，还和其他动物一起给人类带来了诸多欢乐。然而，作为“回报”，人类给它们带来的只有死亡的恐怖。谢尔顿市的一位科学观察员对一只濒死的草地鹨做了如下描述："它侧躺在旁边，尽管肌肉已经失去了协调能力，无法起飞和站立，但它依然拍打着翅膀，爪子努力抓握着，大张着嘴巴，呼吸已然十分困难。"[2] 而更可怜的是那些死状凄惨的松鼠，只能发出无声的控诉。它们"死亡的状态极其典型——背部深弓，紧握的前爪蜷缩在胸前……头颈竭力外伸，满嘴的泥巴说明它们死前曾啃咬过地面"。

默许这样一场生灵涂炭的浩劫，生而为人，我们当中有谁能够免遭灵魂的拷问？[3]

[2] 一连串动作描写形象生动，中毒的动物仿佛就在眼前，杀虫剂的危害触目惊心，读来让人动容。

[3] 疑问句起到了加强语气的作用。

第八章 鸟儿歌声不再

现如今,美国越来越多的地方已经看不到前来报春的鸟儿。它们赋予这个世界的色彩和乐趣也在不知不觉中消失,而那些尚未遭受影响的地区的人们对这种毫无征兆的变化浑然未觉。

1958年,伊利诺伊州欣斯代尔镇的一位家庭主妇在绝望之中写信给美国自然历史博物馆鸟类馆名誉馆长、世界著名的鸟类专家罗伯特·库什曼·墨菲。信中写道:

> 过去几年来,村民们一直在给榆树喷药。6年前我们刚搬过来,这里的鸟儿种类繁多,我还搭了一个架子供它们进食。每年冬天,北美红雀、山雀、绒毛鸟和五子雀都会成群结队前来觅食。夏天的时候,北美红雀和山雀还会带着幼鸟一道前来。
>
> 在喷洒了几年的DDT之后,镇上的知更鸟和八哥都已销声匿迹,山雀已经有两年没在我搭的架子上现身,而到了今年,北美红雀也不见了踪影。在这附近筑巢的鸟类似乎只剩下一对鸽子和一窝猫鹊。
>
> 孩子们在学校里受过教育,知道联邦法律禁止杀害和捕捉鸟类。因而,向他们解释鸟儿被人类杀死这件事让我左右为难。每当孩子们问我"它们还会回来吗?"的时候,我都无言以对。榆树正在接连死去,鸟儿们更是厄运难逃。对此,政府是否会采取什么措施?能够采取什么措施?我能做些

什么呢？

为了对付火蚁，联邦政府开始实施大规模的喷药计划。计划实施一年之后，亚拉巴马州的一位妇女写道："过去半个世纪，我们这里一直号称鸟类的天堂。去年7月的时候，我们还在感慨'今年的鸟儿来得比之前更多'。然而，到了8月中旬，这些鸟儿却都消失不见了。最近，我心爱的母马产下了一匹小马驹，我习惯于早起照顾它们，却再也听不到鸟儿的鸣叫声。这简直太可怕了。我们到底对这个完美世界做了些什么呢？一直到5个月之后，一只冠蓝鸦和一只鹪鹩才来到了这里。"

在信中提到的那年秋天，美国南部地区也发布了一些显示生态状况面临严峻形势的报告。国家奥杜邦协会和美国鱼类及野生动植物管理局共同出版的《野外瞭望》提到，密西西比州、路易斯安那州和亚拉巴马州等地区出现了"所有鸟类都消失不见的怪异现象"。《野外瞭望》中收录的都是经验丰富的观察家的报告。这些观察家长期在该片区域工作和生活，并对这里的鸟类习性颇为了解。其中一位观察家说，她在密西西比州南部开车长途跋涉，但是整个过程中没有见到一只鸟儿。另一位来自巴吞鲁日的观察家说，她放在室外的喂鸟架已经数周没有鸟儿光顾了。而在前几年的这个时候，鸟儿早就把院子灌木丛中的果实给"消灭"了。还有一位观察家说，以往他家的落地窗前会有四五十只北美红雀和其他鸟儿偶尔停留，但现在却只影难寻。来自西弗吉尼亚大学的莫里斯·布鲁克斯教授是阿巴拉契亚地区的鸟类专家，他在报告中说，西弗吉尼亚地区的鸟类数量正以"令人难以置信的速度锐减"。

下面这个事件可以看作鸟类遭遇厄运的典型。有些鸟儿已经惨遭毒手,而所有鸟儿都面临着这个威胁。这个事件的主角是知更鸟。对千百万美国人来说,每年第一只知更鸟的到来就意味着冬天的离去。各大媒体会争相报道知更鸟飞来的消息,这也成为人们茶余饭后的谈资。知更鸟的回迁让萧索的层林开始染绿。成千上万的美国大众会在每天的第一缕曙光中聆听知更鸟的黎明大合唱。[1] 然而,现在一切都不复存在,人们甚至连鸟儿是否会再次到访都一无所知。

[1] 此处对知更鸟重要性的描写与之后知更鸟的悲惨遭遇形成鲜明对比,更能体现出化学药剂对生物的危害性。

知更鸟的命运,甚至其他鸟类的命运,似乎都和榆树有着千丝万缕的联系。从大西洋沿岸到落基山山脉,榆树见证了美国成千上万个城市的历史。无数的街道、广场和校园都因其浓密的绿荫而变得魅力无限。但是,现如今的榆树感染了一种奇怪的疾病。很多专家认为,这种疾病已经发展到了极其严重的程度,使得榆树病入膏肓,且一切抢救工作都变得徒劳。光是失去榆树够让人痛心了,如果在徒劳的拯救过程中大量鸟类被置于死地,那结局将会更加悲惨。然而,这就是我们现在正在经历的困境。

1930 年前后,所谓的“荷兰榆树病”随着装饰板材业的进口榆树段进入美国。荷兰榆树病是一种真菌疾病。真菌侵入榆树的导管系统后,其芽孢通过榆树的汁液循环扩散并分泌出有毒物质,再加上其对榆树导管系统的破坏,导致榆树枯萎和死亡。荷兰榆树病的传播媒介是在有病榆树和健康榆树之间穿梭的树皮甲虫。树皮甲虫会在已经死亡的榆树的树皮底下挖掘通道,经过通道的时候,通道中满满的真菌芽孢会附着在甲虫的身上。所以树皮甲虫飞到哪里就会把真菌带到哪里。控制这种疾病最有效的办法就是加强对树皮甲虫的防控。于是,在美国的很多地方,尤其是榆树分布比较广泛的中西部地区和新英格兰地区，大规模的杀虫剂喷洒已成为常规工作。

密歇根州立大学的乔治·华莱士教授和他的学生约翰·梅纳揭示了这种常规工作对知更鸟和其他鸟类的影响。1954年，约翰·梅纳刚开始攻读博士学位，研究方向与知更鸟数量相关。他选择这个课题完全是一种偶然，因为当时没有人觉得知更鸟会面临危险。但是，研究刚刚开始，情况就有所变化。这种变化不仅改变了约翰·梅纳的研究性质，甚至从一定程度上说，等于剥夺了他的研究对象。

1954年，针对荷兰榆树病，密歇根州立大学在校园内进行小范围喷药。但是第二年，该大学所在的东兰辛市也加入了这一行动。喷药的范围开始逐步扩大，加上当地对舞毒蛾和蚊虫的防控计划，化学药剂犹如倾盆暴雨一般。

当年的小范围药剂喷洒之后，一切看起来和往常一样。次年春天，知更鸟如期迁回校园，就像汤姆林森的著名散文《失去的树林》中的风信子一样再次回到了自已熟悉的领地。这些知更鸟“没有预感到会发生不测”。然而，一切都发生得太快：校园中的知更鸟要么死亡，要么奄奄一息。它们以往觅食和栖息的地方已经没有任何鸟儿的踪迹。举目望去，看不到几座鸟巢，也没有新生的雏鸟。之后的几个春天，这种情形没有发生任何改变。药剂喷洒的区域变成了死亡陷阱，每一批飞回来的知更鸟在一个星期之内就会一命呜呼。虽然新的知更鸟还会不断飞来，但是无一例外，它们全都在这个地方浑身抽搐，痛苦万分地死去。

华莱士教授说：“对大多数春天想要在此安家落户的知更鸟来说，校园已经成为它们的葬身之地。”但是造成这种结果的原因到底是什么？起初，他怀疑这些知更鸟患上了神经系统方面的疾病，但他很快发现，尽管那些使用药剂的人保证药剂“对鸟类无害”，但知更鸟还是死于药剂中毒。它们表现出来的症状非常明显：身体失衡、抽搐、战栗，直至死亡。

若干事实表明，知更鸟的死亡不是因为直接接触杀虫剂，而是因为食用了蚯蚓而间接中毒。在一项研究中，工作人员因为疏忽用该校的蚯蚓喂食小龙虾，导致小龙虾瞬间死亡。实验室的一条蛇在吃下了这些蚯蚓之后，突然间抽搐不已。而在春天里，知更鸟的主要食物便是蚯蚓。

伊利诺伊州厄巴纳市自然历史调查所的罗伊·巴克博士很快就找到了解开知更鸟死亡之谜的关键一环。他在1958年出版的著作中厘清了一系列错综复杂的关系，证明知更鸟的死亡与美国的榆树有关，而联系两者的媒介则是蚯蚓。每年春天，榆树都会被喷洒药剂（通常剂量为一棵50英尺高的树喷2~5磅DDT，相当于在榆树密集的地方每英亩要施用23磅DDT），而到了7月的时候，人们往往还会用与之前一样的剂量再喷洒一遍。威力巨大的喷枪喷射出强劲的药柱，将高大的树木通体喷遍。如此一来，不单树皮甲虫被消灭了，就连授粉昆虫、捕食性蜘蛛以及其他甲虫都在劫难逃。药剂在树叶和树干表层形成一层雨水冲刷不掉的毒素膜，秋天到来的时候，树叶从树上飘落，在地上累积成湿漉漉的几层，腐烂后与土壤融为一体。在此过程中蚯蚓发挥了媒介的作用，因为它们以残叶为生，尤其喜欢食用榆树叶。在食用树叶时，杀虫剂被蚯蚓一并摄入体内并不断累积，浓度不断增加。巴克博士在蚯蚓的消化道、血管、神经和体壁中均发现了DDT残留。毫无疑问，有些蚯蚓会中毒身亡，有些会幸存下来，成为毒素的“生物放大器”。当春日到来、知更鸟回迁的时候,这个循环之中就增加了一个环节。仅11条大蚯蚓体内的DDT含量就足以毒死一只知更鸟。而知更鸟每天的食量远超于此。一只知更鸟吃掉10~12条蚯蚓仅仅需要十几分钟。

并非所有知更鸟都摄入了致命剂量的药剂,还有一种后果也会像夺命农药一样导致知更鸟灭绝——所有被研究的鸟类,甚至所有生物,都难逃不孕不育的阴影。如今,密歇根州立大学185英亩的校园里每年春天只有二三十只成年知更鸟,而在喷药行动之前至少有370只。1954年,梅纳观察的每一处知更鸟鸟巢里都有鸟蛋。如果没有喷洒农药,到1957年6月底,校园里至少应该有370只幼鸟(与成年鸟的数量相对应)觅食,然而,梅纳只发现了一只幼鸟。一年之后,华莱士教授说:"今年春夏两个季节,我在校园内没有看到一只幼鸟的身影,而且我也没有听到其他人说看到过它们。"

当然,没有幼鸟出生的部分原因是在营巢繁育这个过程完成之前,一对儿知更鸟中至少有一只已经身亡了。但是,华莱士教授的发现也证实了一个残酷的真相——鸟类的繁殖能力遭到了破坏。1960年,他在国会委员会上说:"我们发现,知更鸟和其他鸟类在筑巢完成之后并没有下蛋,即使有些鸟儿下了蛋,也无法孵化出幼鸟。我们对一只知更鸟进行了观察,它锲而不舍地伏窝21天也没能将幼鸟孵化出来。正常情况下,这个过程只需要13天。对此进行分析之后,我们发现,处于繁殖期的鸟类的睾丸和卵巢里含有大量DDT。10只雄鸟中,每只雄鸟睾丸中的DDT浓度为30~109ppm,两只雌鸟卵巢的卵泡中DDT的浓度分别为151ppm和211ppm。"

其他地区陆续发布的研究结果也令人沮丧。通过对喷药地区和未喷药地区进行对比研究,威斯康星大学的约瑟夫·希基教授和他的学生们发现,喷药地区的知更鸟死亡率为86%~88%。为了对鸟类因榆树喷药行动而死伤的程度进行调研,1956年,密歇根州的布兰布鲁克研究院要求人们将所有疑似DDT中毒死亡的鸟类送到研究院进行化验分析。结果,人们的反应大大超出预期。在之后的几周内,研究院长期闲置的仪器开始超负荷运转,为此,研究人员不得不拒收很多实验样本。到1959年的时候,仅该地区上交或报告的中毒鸟类就多达1000只。除了占最大比例的知更鸟(一名妇女给研究院打电话,称自家草坪里躺着12只死去的知更鸟),研究院收到的样本中还有63种其他鸟类。

当然了,知更鸟只是榆树喷洒药剂所形成的破坏性链条中的一环,而榆树喷药计划也只是为数众多的防控计划中的一项而已。约有90种鸟类遭受重创且大批量死亡,其中包含郊区居民和业余自然爱好者所熟知的一些种类。在喷洒过药剂的城镇中,鸟类的筑巢率降低了90%。就如我们所见,从在地面上、树梢上、树皮上觅食的鸟类到食肉猛禽,都受到了影响。

我们完全有理由相信,那些以蚯蚓和生活在土壤中的其他生物为食的鸟类和哺乳动物都和知更鸟一样,面临着悲惨的命运。蚯蚓是45种鸟类的部分食物来源,这其中就包括丘鹬。丘鹬在南方地区过冬,然而,近年来,那里被喷洒了过量的七氯。目前,针对丘鹬的研究已有两项重要发现:一是新布朗士威丘鹬繁殖基地的幼鸟数量锐减,二是成年丘鹬体内含有大量DDT和七氯残留。

更加让人惴惴不安的是,有一些报告说,另有20多种在地面觅食的鸟类大批量死亡。这些鸟类主要食用的蠕虫、蚂蚁、蛆或其他土壤生物体内都有毒性。在这些大批量死亡的鸟类当中，还有3种以声音婉转动听而出名的鸫鸟：橄榄背鸫、黄褐森鸫、隐夜鸫。那些从灌木丛上掠过、在沙地上的落叶中觅食的北美歌雀和白喉带鹀也难逃榆树喷药行动的毒害。

哺乳动物也很容易直接或间接地卷入这一连锁反应之中。浣熊的主要食物之一便是蚯蚓；春、秋季节，负鼠也会食用蚯蚓；地鼠和鼹鼠这类生活在地下的哺乳动物也会大量捕食蚯蚓，继而将毒素传递给它们的天敌鸣角鸮和仓鸮等。

在春日的一场暴雨之后，威斯康星州出现了几只濒死的鸣角鸮，很可能是因为食用蚯蚓而中毒。老鹰和猫头鹰（包括美洲雕鸮、鸣角鸮、雀鹰和泽鹰等）很多都出现了抽搐症状。这种情况属于二次中毒，应该是因为它们捕食了肝脏或其他脏器中积蓄了大量毒素的鸟类或者鼠类。

那些在地面上觅食的动物或是其捕食者并不是榆树喷药行动中仅有的受害者。在树叶上捕食昆虫的鸟类也随之消失，包括红冠鹪鹩、金冠鹪鹩、体型娇小的食虫鸟类或颜色绚丽的鸣禽等。每年春天，这些森林中的精灵成群结队飞来，为森林增添了绚丽的色彩。1956年，春天比往年来得晚一些，一大波鸣禽迁徙而来时正好碰上了推迟的喷药行动，结果所有来此的鸣禽几乎都难逃死亡的厄运。往年，威斯康星州白鱼湾地区的黄腰白喉林莺至少有上千只。然而，在1958年的喷药行动之后，鸟类观察者仅仅发现了两只。如果把其他地区的死亡鸟类加在一起，得到的数据肯定会令人瞠目结舌。死亡的鸣禽中包括各种形体优美、深受人们喜爱的鸟类：黑白林莺、黄林莺、纹胸林莺和栗颊林莺，以及5月里声音婉转的橙顶灶莺、双翅火红的黑斑林莺、加拿大林莺和黑喉绿林莺等。它们或因食用了有毒的昆虫而成为直接的受害者,或因昆虫被灭杀后食物短缺而饿死。

食物短缺也危及空中飞舞的燕子。它们像鲱鱼在大海中觅食浮游生物一样在空中捕食昆虫。威士康星州的一位自然学家在报告中说:"燕子遭受了重创,每个人都对此抱怨不已。四五年前,空中到处飞舞着燕子,然而现在却几乎看不到它们的踪影。导致这种情况出现的原因可能是喷药使得昆虫数量减少,也可能是燕子食用了中毒昆虫。"这位观察者还提到了其他鸟类的情况:"另一种明显减少的鸟类是东菲比霸鹟。且不说幼鸟几乎绝迹,就连体格壮硕的成年东菲比霸鹟也很难见到了。我去年春天只见到过一只,今年春天同样如此,这让威斯康星州的猎人多有怨言。之前,我曾投喂过五六对北美红雀,现在它们都踪迹全无。以前每年都会到我的花园里筑巢的鹪鹩、知更鸟、猫鸟和鸣角鸮都不见了。夏日的早晨,我再也听不到鸟儿的歌声了。现在只剩下害鸟、鸽子、椋鸟和英格兰麻雀。这简直可以用灾难来形容!"

秋天的时候,人们会对处于休眠期的榆树进行喷药,药物会渗入树皮的缝隙,山雀、五子雀、凤头山雀、啄木鸟和美洲旋木雀数量也因此而急剧减少。1957 年冬天,华莱士教授多年来第一次没在自家的喂鸟架上发现山雀和五子雀的踪影。他后来发现的 3 只中毒的五子雀还原了这件事情的前因后果:一只五子雀正在树上觅食;另一只已经奄奄一息,表现出典型的 DDT 中毒症状;第三只已经死了。之后对第二只五子雀的检测发现,其体内 DDT 的浓度高达 226ppm。

这些鸟类的进食习惯不仅使其极易受到杀虫剂的危害,也使得其死亡数量巨大。例如,白胸五子雀和美洲旋木雀的夏季食物主要是危害树木的昆虫的虫卵、幼虫和成虫；山雀 75% 的食物来自处于不同生长阶段的昆虫。A.C. 本特在其不朽巨著《生命历史》中对山雀的觅食方式进行了描述："当山雀成群飞过的时候，每一只鸟都在树皮、细枝和树干上仔细搜索，期盼能够找到蜘蛛卵、茧或休眠的昆虫等细碎的食物。"

许多科学研究已经证明，在各种情况下，鸟类对控制昆虫数量都起着关键作用。比如，防控恩格曼云杉甲虫的主要功臣便是啄木鸟，它们可以使甲虫的数量减少 45%~98%。另外，它们在防控苹果蚜虫方面表现也很出色。此外，山雀和其他冬季鸟类则可以保护果园免受尺蛾幼虫的危害。

但是，自然界中的这种自然调控已经不会在化学药剂风行的当下再次上演。药剂不仅杀害了昆虫，也杀死了它们的主要天敌——鸟类。待昆虫卷土重来的时候，我们却失去了能够遏制其繁衍的鸟类。密尔沃基公共博物馆鸟类馆馆长欧文 · J. 格洛姆在给《密尔沃基日报》的投稿中写道："捕食性昆虫、鸟类以及一些小型哺乳动物是昆虫最大的天敌，但是，DDT 却不加区分地将这些大自然的卫士全部消灭。难道我们要以进步为借口，吞下残暴的灭虫大战的苦果吗？"这种目光短浅的行为只会导致最终的失败。待榆树全部消亡、鸟类作为大自然的卫士被毒杀绝迹的时候，害虫卷土重来，对其他树木造成威胁，我们该怎么办呢？

格洛姆馆长还说，自从威斯康星州喷洒药剂之后，报告鸟类死亡的电话和信件便源源不断。问询之后总会发现，有鸟类死亡的地方往往都刚喷洒过农药。

美国中西部地区的大部分研究机构（密歇根州的克兰布鲁克研究所、伊利诺伊州自然历史调查所和威斯康星大学等)的鸟类学家和生态环境保护学家都与格洛姆馆长的观点一致。各地报纸的《读者来信》专栏文章显示,但凡喷洒过农药的地方,民众都对此义愤填膺。他们比那些下令喷洒农药的官员更加清楚农药的危害以及农药喷施的不合理。密尔沃基的一位妇女写道:"这些鸟儿的遭遇简直令人心碎……而且,令人失望和愤怒的是,喷洒农药显然达不到这场杀戮企图达到的目的……请你们仔细想一想,不保护鸟类,能保护树木吗? 它们在自然界中不是相互依存的吗? 难道就找不到保持自然平衡并不对其进行破坏的方法吗?"

其他读者来信说,尽管榆树是遮阴美化的优良树种,但不是印度传说中被尊崇的"神牛",我们不能为了保护它们而对其他生物大开杀戒。另一位来自威斯康星州的妇女来信写道:"我一直对榆树情有独钟。榆树俨然就是我们的地标,但是,我们还有其他各种各样的树木……鸟类更需要我们的保护。想象一下,如果春天没有了知更鸟婉转的歌声,这个世界将会变得多么无趣、多么可怕啊?!"

对公众来说,这是一个非黑即白的简单选择:我们要么保护榆树,要么保护鸟类。[2]然而,问题实际上并没有这么简单。人类在化学药剂防控方面收获了满满的讽刺,如果我们沿着现在的道路继续前行,很可能到最后落得两手空空,同时失去鸟类和榆树。通过喷洒药剂就能拯救榆树的奢望只会让一个又一个地方的财政陷入巨额开支的泥沼,却无法产生预期的持续效果。康涅狄格州的格林尼治市实行了为期 10 年的喷药计划。然而,有一年,甲虫因为干旱而获得了良好的繁育环境,导致榆树的死亡率上升了 10 倍。1951 年,伊利诺伊大学所在的厄巴纳市首次出现荷兰榆树病。1953 年,政府开始利用喷药来进行防治。到了 1959 年,在连续喷

[2]"简单"的选择导致的后果却不简单。既保护树又保护鸟同样可能。后文有例证。

药6年之后,大学校园里的榆树数量减少了86%,其中半数以上的榆树因荷兰榆树病而死亡。

俄亥俄州托雷多市出现的类似状况使得林业部官员约瑟夫·斯维尼开始重视这件事并认真调查农药喷洒造成的后果。该市的喷药计划始于1953年,一直持续到1969年。斯维尼发现,在相关"权威和专家"建议喷洒农药6年之后,全市槭绵蜡蚧的危害反而比之前更严重了。他决定亲自调查荷兰榆树病的喷药结果。研究的结果令他大吃一惊:托雷多市"得到控制的地区是那些将染病的或者是有虫害的榆树移除的地区;喷洒农药的地区反而失去了控制;在那些没有实行任何防控计划的乡村,疾病的传播速度远没有城市中那么快。这说明,农药会将害虫的天敌一并杀死。我们必须放弃对荷兰榆树病进行药物防控的计划。虽然这样会与支持农业部主张的一些人产生分歧,但是,由于我掌握了事情的真相,我们会坚持不懈地进行斗争并给予他们有力的回击。"

我们实在难以理解,为什么最近才遭受荷兰榆树病肆虐的中西部城镇不仅对其他地区长期以来的治理经验置若罔闻,甚至贸然制订了耗资巨大的喷药计划。比如,纽约州在持续控制荷兰榆树病方面的经验就非常丰富。1930年前后,感染疾病的榆树通过纽约港进入美国境内。如今,纽约州在荷兰榆树病的防控方面成绩卓著,但这个成绩并不是靠喷施药剂得来的。实际上,纽约州农业推广部门从没有建议民众通过喷药进行防控。

那么,纽约州如此辉煌的防控成就是如何得来的呢?从最初对抗荷兰榆树病至今,纽约州一直采取严格的防卫措施:第一时间移除并毁掉生病的榆树。最初的防控效果不尽人意，因为人们不知道，不仅应该毁掉已经染病的榆树，还应该毁掉那些可能已经有树皮甲虫卵的榆树。人们把患病的榆树砍掉之后作为柴火储存起来。但是，如果这些木头在来年春天到来之前没有被烧掉的话，就会滋生出大量携带病原菌的树皮甲虫。每年的四五月份，结束冬眠的成年树皮甲虫出来觅食，成为传播荷兰榆树病的罪魁祸首。纽约州的昆虫学家根据自身的经验识别出那些存在甲虫繁殖情况并易于传播疾病的树。集中处理这些病木得到了不错的防治效果，而且防治成本还能控制在一个合理的区间内。到了1955年，纽约市5.5万棵榆树的荷兰榆树病发病率降到了0.2%。

1942年，纽约州的维斯切斯特郡开始推行该防控计划。在其后的14年中，榆树的年损失率为0.2%。布法罗市通过该计划取得了非常好的控制效果，18.5万棵榆树的年损失率仅为0.3%。换句话说，按照这样的损失速度，布法罗市的榆树可以坚持到300年之后。

美国中部锡拉丘兹城的情况尤其引人瞩目。1957年以前，这里从未对荷兰榆树病的防控采取任何实质性的措施。从1951年到1956年，死亡的榆树多达3000棵。之后，在纽约州立大学林业学院霍华德·米勒的动员下，民众下大气力将所有患病以及可能携带病原菌的榆树给清除掉。现如今，这里榆树的损失率已经下降到1%以下。

纽约州的专家特别强调这项防控计划的经济性。纽约州立农学院的J.G.马蒂斯说："在大部分情况下，实际成本比预想中的还要少。如果疾病造成树枝断裂或者枯死，为避免造成财产损失或人员伤亡，我们需要把这段树枝移除。假如烧火用的柴火中有病原菌，要么赶在开春前将其烧完，要么将树皮剥掉，要么将木材放在干燥的地方。假如是那些垂死或者已经死亡的榆树，为防止其传播榆树病，我们应立即将其清理掉，这样所花费的成本并不会比事后处理的成本高，因为在城市里，大部分死树最终都会被清理掉。”

由此可见，只要采取科学、理性的防控措施，那么人类面对荷兰榆树病的时候便不会一筹莫展。尽管现在还没有发现彻底根除这种疾病的方法，但是只要防控措施得当，我们就能将其控制在合理的范围之内，而且不会给鸟类带来灭顶之灾。树木育种技术也提供了另一种可能性，实验表明，科研人员有望培育出能够对荷兰榆树病免疫的杂交榆树品种。欧洲榆树具有荷兰榆树病的高抗病性，因此被华盛顿地区大量推广种植。即使是在本地榆树发病率极高的时候，它们也能够毫发无损。

那些榆树大批量死亡的地区迫切需要通过实施育苗和造林计划来填补损失。尽管这些计划中可能有具有免疫性的欧洲榆树，但是，人们还是要考虑树种的多样性，只有这样才能避免传染病将所有树木毁灭殆尽。英国生态学家查尔斯·埃尔顿指出了维持健康的动植物群落的关键所在——保护生物的多样性。目前出现的状况很大程度上跟过去百余年来的生物单一化有关。但是，在二三十年前，并没有人知道在大片区域内种植单一的植物会招致灾难性的后果。因此，榆树成为装点城镇街道和公园的主要树种。而如今，榆树死了，鸟儿也都消失了。

还有一种鸟儿与知更鸟陷入了相同的境地，濒临灭绝。这种鸟儿是美国的象征——白头海雕。在过去的十年间，白头海雕的数量正以惊人的速度锐减。事实证明，白头海雕的生存环境出了问题，导致其繁殖能力遭到破坏。虽然具体原因还不得而知，但有证据显示，杀虫剂难辞其咎。

在北美洲,研究人员关注最多的是沿着美国佛罗里达西海岸从坦帕到迈尔斯堡筑巢繁育的白头海雕。1939 年到 1949 年的 10 年间,温尼伯市的退休银行家查尔斯·布罗利因曾给 1000 余只白头海雕幼鸟戴上环志而在鸟类学界声名鹊起(在此之前,历史上仅有 166 只白头海雕戴过环志)。在幼鸟飞离巢穴之前的冬季,布罗利会给它们戴上环志。后来,人们对这些白头海雕的研究表明,出生在佛罗里达的白头海雕能够沿着海岸飞抵加拿大境内,甚至最远能够到达爱德华王子岛(加拿大东部)。但是在此之前,人们以为白头海雕根本就不会迁徙。每年的秋季,这些白头海雕会返回南方,其迁徙活动的最佳观测地为宾夕法尼亚州东部的霍克山。

为白头海雕戴环志的头几年,布罗利在其进行研究工作的海岸地区每年还能发现 125 处有幼鸟的巢穴。每年,约有 150 只白头海雕的幼鸟被戴上环志。然而在 1947 年,幼鸟的数量开始减少:有的鸟巢里没有鸟蛋,有的鸟巢里有鸟蛋却无幼鸟孵出。1952 年至 1957 年,约 80% 的鸟巢没有幼鸟孵出。1957 年,只剩下 43 处鸟巢里还有白头海雕的身影。其中,7 处鸟巢里有 8 只幼鸟孵出,23 处鸟巢里有鸟蛋却无幼鸟孵出,13 处鸟巢被当作成年白头海雕进食时的歇脚地,里面根本就没有鸟蛋。1958 年,布罗利沿着海岸驱车 100 余英里才发现一只白头海雕幼鸟并给其戴上环志。一年前还有 43 处巢穴中有白头海雕,现在这个数字变成了 10。

这一系列有价值的观察随着 1959 年布罗利的去世戛然而止。佛罗里达州的奥杜邦协会以及新泽西州和宾夕法尼亚州提供的报告证实,如果我们任由情况恶化,美国可能需要物色一个新的国家象征了。霍克山保护区的负责人莫里斯·布朗的报告尤其值得我们关注。霍克山是宾夕法尼亚州东南部一座风景如画的山峰，此处的阿巴拉契亚山脉东部山脊是阻挡西风吹向沿海平原的最后一道屏障。被山脊阻挡的西风会往斜上方吹去，从而形成一股稳定的气流。秋季，向南迁徙的宽翅鹰和白头海雕可以毫不费力地乘风翱翔，一天就能飞过很长的里程。不仅山脊在此聚拢，就连鸟类空中迁徙的路线也在此交会。这里成为从广阔的北方飞来的鸟类迁徙的必经之路。

莫里斯·布朗在霍克山保护区担任了20多年的负责人，所观察和记录的鹰类数量在美国首屈一指。每年的8月底、9月初是白头海雕迁徙的高峰期。这些白头海雕应当出生在佛罗里达州，在北方度过一个夏天之后返回家乡（每年深秋和初冬时节，一些体型更大的北方鹰也会经过这里前往其他地方越冬）。保护区设立初期（1935—1939）观测到的白头海雕40%的年龄在1岁左右（其深色的羽毛非常有辨识度）。但近年来，这种幼鸟变得十分稀少，1955年至1959年，幼鸟只占白头海雕总数的20%左右；1957年，每32只成年白头海雕中仅有1只幼鸟。

霍克山保护区的观察结果和其他地方是一致的。其中一份报告出自伊利诺伊州自然资源委员会的官员埃尔顿·福克斯之手，内容是关于白头海雕（疑似北方种类）飞到密西西比河和伊利诺伊河越冬的情况。报告中说，1958年统计的59只白头海雕中仅有1只幼鸟。世界唯一的白头海雕自然保护区——萨斯奎哈纳河上的蒙特·约翰逊岛上也出现了白头海雕濒临灭绝的情况。尽管该岛距离康诺文格大坝的上游仅8英里，距兰开斯特郡河岸不过半英里，但岛上依旧保持着原始风貌。自1934年起，兰开斯特郡的鸟类学家兼保护区负责人赫伯特·贝克开始观察岛上的某个鸟巢。从1935年到1947年,该鸟巢每年都有成年海雕居住,且都有幼鸟孵出。1947年之后,虽然每年还有海雕在这里居住并产下鸟蛋,但是并没有幼鸟孵化出来。

蒙特·约翰逊岛与佛罗里达州的情况相似:成年的白头海雕仍然在鸟巢中居住并产下鸟蛋,但是很少甚至完全孵不出幼鸟。似乎只有一种解释能说明这种情况:某种环境因素导致白头海雕的繁殖能力下降。现在,幼鸟很少出生,白头海雕的物种延续面临严峻考验。

很多实验证明其他鸟类也会遭遇同样的情形,其中最著名的非美国鱼类及野生动植物管理局詹姆斯·德威特博士完成的实验莫属。德威特针对鹌鹑和野鸡做了很多经典实验,以此来验证杀虫剂对它们的影响。实验结果表明,成鸟在与DDT或相关化学药剂接触之后,也许不会受到比较明显的伤害,但是其繁殖能力可能会严重受损。鸟类受到影响后的表现不一,但结果大体相似。比如说,处于繁殖期的鹌鹑如果食用了含有DDT的食物,还会正常下蛋,而且蛋的数量也不会减少。但是,这些蛋很少能够孵化出幼鸟。德威特博士说:"许多胚胎在发育的早期很正常,但是在孵化期就会死去。"即使偶尔破壳而出,大半幼鸟也会在5天内死掉。在针对这两种鸟进行的其他实验中,如果成鸟在一年内一直吃含有杀虫剂的食物,那么无论如何它们都无法产下蛋来。加州大学的罗伯特·拉德博士和理查德·吉纳利博士在报告中阐述了类似的发现:如果野鸡的食物中含有狄氏剂,那么野鸡"产蛋数量明显减少,幼鸟成活率非常低"。这些专家发现,由于狄氏剂是储存在蛋黄中的,幼鸟在孵化和发育的过程中会逐渐将其吸收,从而给自身造成慢性且致命的伤害。

华莱士教授与其研究生理查德·伯纳德的最新实验为

上述结论提供了有力的佐证。实验发现,密歇根州立大学校园中的知更鸟体内有高浓度的DDT残留。在雄鸟的睾丸中,在雌鸟的卵巢里,在发育的卵泡中,在鸟儿体内成形的蛋里,在输卵管中,在废弃的鸟巢中未孵化的蛋里,在鸟蛋的胚胎里和刚孵出来就死亡的幼鸟体内,都有DDT的残留。

这些重要的研究证明了一个事实:只要鸟类接触了杀虫剂,那么它们的下一代就会受到影响。毒素会在胚胎和为胚胎提供营养的蛋黄中贮存,成为致死的主要原因。这就解释了为什么在德威特的实验中,大半幼鸟要么死在蛋壳之中,要么在孵化之后几天内死亡。

在实验室中对白头海雕做以上实验的可能性几乎为零。但是,佛罗里达州、新泽西州以及其他一些地方已经开展了相关的野外研究,希望能够找到白头海雕不育的原因。而其中大量间接证据都指向了杀虫剂。在一些盛产鱼类的地方,鱼在白头海雕的食谱中占据很大比例(在阿拉斯加地区约占65%,在切萨皮克湾地区约占52%)。毫无疑问,布罗利研究的那些白头海雕主要以鱼类为食。从1945年起,人类开始反复向布罗利从事研究的这片海域喷洒高浓度的DDT以毒杀盐沼蚊。而这种蚊子生长的沼泽和海岸地区正是白头海雕觅食的区域。DDT导致大量鱼类和螃蟹死亡,实验数据显示,死亡的鱼类和螃蟹体内DDT的浓度高达46ppm。和加州清水湖的䴙䴘一样,白头海雕体内贮存了高浓度的DDT。它们和䴙䴘、野鸡、鹌鹑以及知更鸟一样,繁殖能力不断下降,最终将无法维持种群的繁衍。

就在当下,世界各地就鸟类濒临灭绝这件事达成了共识。尽管各地的报告细节不尽相同,但其主题却出奇地一致:杀虫剂导致野生动物死亡。例如在法国,人们使用含砷的除草剂喷洒葡萄藤之后,数百只小鸟和灰山鹑死去;在曾经灰山鹑数量繁多的比利时,灰山鹑活动区域周围的农田被喷洒了农药之后,它们几乎绝迹了。

英国所面临的主要问题十分特殊,与日趋增多的作物种子处理做法有关。拌种虽然不是什么新鲜事,但在初期使用的化学产品主要是杀菌剂,对于鸟类的影响可以说是微乎其微。而到了1956年,人们改变了拌种方式,企图达到双重功效,除了杀菌剂,还增加了狄氏剂、艾氏剂或者七氯,用来防控土壤中的昆虫。如此一来,情况就变得糟糕起来。

1960年春天,关于鸟类死亡的各种报告像洪水一样涌进了英国鸟类学基金会、英国皇家鸟类保护学会以及猎鸟协会等野生动物管理部门。诺福克的一位农场主在报告中写道:"这里像刚结束战斗的战场。我的管家发现了数不清的小鸟的尸体,其中包括仓头燕雀、金翅雀、红雀、篱雀、麻雀……野生动物的毁灭着实让人心痛。"一位猎场看守人写道:"经包衣剂处理过的玉米种子毒死了农场里所有的山鹑、部分野鸡和其他鸟儿,总数多达几百只……对于我这样一个终身都在猎场看护的人来说,这是前所未有的悲惨场面。目睹一对对山鹑同时死去,我无比难过。"

英国鸟类学基金会与英国皇家鸟类保护学会联合发布报告,描述了67只被毒死的鸟儿的情况。而1960年春天死去的鸟儿的数量远不止这些。在这67只死亡的鸟儿中,59只被种子包衣剂毒死,8只被喷洒的农药毒死。

次年,新一轮的鸟类中毒事件再次袭来。英国的下议院接到报告,仅诺福克郡一家农场就有600只鸟儿死去,而北埃塞克斯的一个农场里有100只野鸡死去。人们很快发现,遭受影响的郡的数量比1960年增加了(1960年是23个郡,

1961 年是 34 个郡）。以农业为主业的林肯郡损失最为惨重，被报告的死去的鸟儿有约 10000 只。死亡的阴影笼罩了英格兰的几乎所有农场：北到安格斯，南到康沃尔，西到安格拉斯，东到诺福克。

1961 年春天，人们对鸟类死亡事件的关注度达到峰值。英国下议院成立专门委员会对此事进行调查，在农民、农场主、农业部代表以及与野生动物有关的政府、非政府部门代表中进行了广泛取证。

有目击者称："鸽子会突然从天空中摔下来死掉。"还有目击者说："在伦敦城外驱车一两百英里也看不到一只红隼。"大自然保护协会的成员则说："20 世纪以来，甚至就我所知道的任何时期而言，类似的事件从未发生过。这是英国野生动物有史以来遭遇的最严重危机。"

对这些死亡鸟类进行化学分析的设备数量明显不足，而且整个英国只有两位化学家能够进行这种分析（一名供职于政府部门，一名供职于英国皇家鸟类保护学会）。目击者们纷纷讲述焚烧鸟儿尸体时燃起的熊熊大火。尽管如此，人们还是成功收集到了一些鸟类尸体用于化学分析。结果发现，除了一只沙锥鸟，其他所有鸟儿体内都含有杀虫剂，因为沙锥鸟是不吃植物种子的。

除了鸟儿之外，狐狸也可能因为吃了中毒的老鼠或者鸟儿而间接受到影响。英国兔子泛滥成灾，所以对能够捕捉兔子的狐狸需求迫切。但是，从 1959 年 11 月到 1960 年 4 月，至少有 1300 只狐狸非正常死亡。在雀隼、红隼和其他猛禽消失殆尽的地区，狐狸的死亡情况也是非常严重的。这就表明，毒素通过食物链从食草动物传播到食肉动物体内。濒死的狐狸与其他氯代烃中毒的动物症状一样：神志模糊不清，原地打转，最终抽搐而死。

取证结束之后，委员会意识到野生动物面临的危险已经“极其严重”，因此向下议院提议：“农业部部长和苏格兰事务大臣应该立即下令禁止使用狄氏剂、艾氏剂、七氯或与其毒性相当的化学药剂拌种。”该委员会同时提议，应加强管控措施，确保化学药剂在上市之前会经过严格的真实环境和实验室检测。需要强调的是，这一点是杀虫剂研究领域的空白。生产商所做的实验都是针对老鼠、狗、豚鼠等常规实验用动物，不包括鸟类和鱼类等野生动物。而且，实验通常都是在人为干预的条件下进行的，所以，实验的结果不太适用于野生动物。

英国肯定不是唯一一个受这个问题困扰的国家。美国加州和南部的水稻种植地区被同样的问题所困扰。多年以来，加州的水稻稻种一直用DDT来拌种，以防止鲎虫、甲虫危害秧苗。从前，水稻田里聚集着大量水鸟和野鸡，猎人们总是满载而归。然而，过去10年间，水稻产区总是会传出鸟类数量减少的报告，以野鸡、野鸭和黑鹂居多。“野鸡病”人尽皆知，一位观察者报告说，患病鸟类“嗜水，身体麻痹，瘫倒在水沟旁和稻田里，浑身颤抖不止”。这种病多发生在春天稻田播种的时候，此时拌种所用的DDT浓度是杀死成年野鸡所需剂量的许多倍。

随着时间的推移，毒性更强的杀虫剂被不断研制出来，使得用杀虫剂拌种的危害越来越大。对野鸡来说，如今被广泛应用于拌种的狄氏剂的毒性是DDT的上百倍。得克萨斯州东部的稻田采用艾氏剂拌种，导致栗树鸭的数量锐减。栗树鸭是生活在墨西哥湾沿岸的一种黄褐色的鸭子，长得像雁。我们完全有理由相信，水稻种植户在使用杀虫剂拌种的时候，想要达到减少黑鹂数量的目的，结果却给稻田里的其他鸟类带来了灾难。

随着灭杀习惯的养成——清除那些给我们带来烦恼或不便的生物——鸟类越来越多地成为毒药的直接目标，而不是间接受到牵连。为了“控制”对农民不利的鸟类，使它们不会过度繁殖，从空中喷洒对硫磷之类毒药的做法日趋普遍。美国鱼类及野生动植物管理局表达了对这一问题的高度关切，并申明：“喷洒对硫磷对于人类、家畜和野生动物都具有潜在危害。”例如，1959年夏天，印第安纳州南部地区的一些农民租用飞机向河滩处喷洒对硫磷。这片河滩上有数千只在附近农田觅食的黑鹂栖息。其实，黑鹂吃玉米的问题完全可以通过改种一种苞长穗深的玉米品种来解决，但农民却选择了一种极端的方式来结束它们的生命。

飞机喷洒对硫磷的结果可能会让农民很满意，因为死亡清单上有6.5万只红翅黑鹂和椋鸟。而那些没有被发现、没有被记录的野生动物的死亡数量就不得而知了。对硫磷的杀伤力具有普遍性，其毒性不只是针对黑鹂。那些可能在河滩上活动的野兔、浣熊和负鼠也许从未涉足过喷洒对硫磷的农田，却毫无来由地被农民宣判了死刑。

那么，这些化学药剂对人类的影响又是如何呢？在喷洒同一种对硫磷的某个加州果园，工人们接触到一个月前喷洒药剂的树叶后陷入昏迷甚至休克，经过精心的救治才脱离了生命危险。印第安纳州还有小男孩敢去丛林、田野或者河边玩耍、探险吗？如果有的话，谁会在有毒的区域进行防护，阻止那些为了探索大自然而误入其间的孩子们？谁来告诫无辜的路人远离那些所有植被都被毒膜覆盖的致命田野？尽管危害如此之大，但仍然没有人会阻止农民对黑鹂发动这场毫无必要的战争。

在这些事件当中，人们始终回避一个问题：究竟是谁做出的决定，引发了一系列中毒事件，导致死亡的范围不断扩大，宛如鹅卵石被丢进平静的池塘后不断扩散的涟漪？是谁在天平的一端堆满可供甲虫食用的树叶，而在另一端放上一堆可怜的五彩斑斓的羽毛(来自因杀虫剂而死亡的鸟类)？是谁在没有征得民众同意的情况下做出决定，认为没有昆虫的世界才是完美的世界，纵然其间了无生机、鸟儿不再振翅高飞？到底是谁有权利做出这样的决定？这是罔顾民意的独裁者才会做出的决定！殊不知，对千百万人而言，大自然的美丽与秩序具有深刻而不可替代的意义。[3]

[3] 作者连用几个疑问句，层层递进，在达到情感的高潮后给出答案，将批评的矛头指向“罔顾民意的独裁者”，可谓击中要害。

第九章　死亡之河

在蔚蓝的大西洋深海中隐藏着多条通往海岸的路径。这些路径是鱼类洄游之路，看不见、摸不着，但的确与来自陆地的河流水体相连。数千年来，鲑鱼沿着这些熟悉的淡水路径洄游到它们在初生阶段时生活的内陆河流当中。1953 年夏、秋两季，加拿大东北部新布伦瑞克省米拉米奇河里的鲑鱼从觅食地大西洋回到出生地。米拉米奇河上游绿树掩映，溪流在此交汇。秋日时节，鲑鱼将卵产在河床沙砾之上，清凉澄澈的溪水从此处缓缓流过。域内成片的云杉、香脂冷杉、铁杉和松树等针叶树为鲑鱼提供了适宜的产卵环境。

这种年复一年的洄游模式使得米拉米奇河流域成为北美洲最优质的鲑鱼产区。然而，在 1953 年，鲑鱼洄游遭到了严重破坏。

那一年的秋冬季节，雌鲑鱼将包裹着硬壳的超大鲑鱼卵产在河床砂砾里预先挖好的浅槽中。一般来说，鲑鱼卵在冬天发育缓慢，待春天溪流的冰融化之后，鱼苗才开始孵化出来。起初，这些身长半英寸的小鱼藏在河底的砾石之中，依靠硕大的卵黄囊摄取营养，无须进食。直到卵黄囊被完全吸收掉之后，它们才开始在溪流中寻觅小昆虫。

1954 年春天，米拉米奇河里游弋着数不清的色彩斑斓的小鲑鱼，既有当年刚孵化出的鲑鱼苗，也有一两年前孵化出来的幼鱼。它们贪婪地搜寻着溪水中千奇百怪的昆虫。

随着夏日的到来，一切发生了变化。此前一年，加拿大政府出台了旨在保护森林免受云杉食心虫侵袭的喷药项目，而米拉米奇河西北部林区被纳入项目实施范围。云杉食心虫是一种能够侵害多种常绿树木的本地昆虫,每隔35年,虫害就会在加拿大东部大规模暴发。20世纪50年代初,云杉食心虫灾害再度大暴发。人类为了与之对抗,开始在小范围内喷洒DDT。然而,到了1953年,喷药节奏突然加快了。喷药面积从之前的数千英亩扩大到数百万英亩,目的是挽救造纸的主要原料——香脂冷杉。

1954年6月,飞机开始在米拉米奇河西北部林区上方进行空中作业,喷出一团团乳白色的烟雾。每英亩森林被喷洒了0.5磅的DDT,药剂透过香脂冷杉林滴落在地面上和河流中。飞行员只想着完成喷洒任务,并没有刻意规避溪流,飞跃溪流上空的时候也没有停止作业。实际上,只要有一丝风吹草动,喷洒的药剂就会快速飘散,即便飞行员采取积极回避的措施,结果也不会有多大改变。

喷药作业刚结束,可怕的事就发生了。没过几天,河流沿岸出现了大量已经死亡或濒临死亡的鲑鱼,其中有不少幼鲑以及一些七彩鲑,道路两旁和树林中不断有鸟儿死去。河流中一片死寂。喷药之前,河流中活跃着大量生物,为鲑鱼、鳟鱼提供了美味佳肴。这些水中的生物有生活在树叶、草梗和沙砾混合的松散掩体中的石蛾幼虫、紧附在湍流岩石上的石蝇幼虫以及在溪水漫过的岩石上缓慢移动、外形酷似蠕虫的黑蝇幼虫。然而,溪流中的昆虫被DDT赶尽杀绝,幼鲑失去了食物来源。

在充斥着死亡与毁灭的悲惨环境中,幼鲑很难幸免于难,事实上也的确无一幸免。到了8月,1954年春天在河床里孵化的鲑鱼死得精光,一整年的繁育成果化为乌有。一两岁的小鲑鱼的情况要稍好一些。飞机喷洒农药之后,1953

年孵化的小鲑鱼的成活率为 1/6。1952 年孵化的快要进入大海生活的鲑鱼则死去了 1/3。

上述事实之所以能够为人所知,是因为加拿大渔业研究会自 1950 年起就致力于对米拉米奇河西北流域的鲑鱼进行研究。每年,他们都会对河流中的鱼类进行一次普查。生物学家所统计的内容包括洄游繁殖的成年鲑鱼的数量、河流中各年龄段的幼鲑的数量以及河流中鲑鱼和其他鱼类的正常数量。有了这些喷药之前的完整数据,喷药之后的损失就能够被精确计算出来。

普查结果不仅显示了幼鲑的死亡情况,还揭示了河流本身所发生的巨大变化。反复喷药已经彻底改变了河流的生态环境,作为鲑鱼和鳟鱼主要食物的水生昆虫全军覆没。即使只喷一次药,大多数昆虫也需要很长时间才能恢复到可以满足正常鱼群进食的数量——这段时间不是几个月,而是几年。

适合刚孵化出来的幼鲑食用的体型较小的昆虫恢复起来比较快。而两三岁的鲑鱼主要以石蛾、石蝇与蜉蝣的幼虫等为食,这些体型较大的昆虫恢复起来比较慢。DDT 侵入河流的第二年,幼鲑除了偶尔找到较小的石蝇之外,很难找到其他食物。为保证鲑鱼能够吃到天然食物,加拿大人尝试将石蛾的幼虫和其他昆虫投放到水中生物匮乏的米拉米奇河流域。当然,只要再次喷药,这些新投放的昆虫就会再次被清除掉。

云杉食心虫的数量并没有如愿减少,甚至越来越多。为此,1955 年至 1957 年,新布伦瑞克省与魁北克省的各个区域反复喷药,有些地方甚至喷洒了 3 次之多。1957 年时,农药喷洒面积将近 1500 万英亩。但是喷药计划一旦终止,云杉食心虫的数量就会再次反弹，导致1960年和1961年再度连续喷药。确实，没有任何迹象表明喷药计划只是暂时的（旨在通过连续数年喷药，让树木脱离脱叶死亡的情况）。因此，只要喷药行动在继续，可怕的副作用就会持续显现。为了将对鱼类的危害降到最低，加拿大林业部门将DDT的浓度减半（美国仍然执行每英亩1磅的剂量标准）。在人们连续几年对喷药效果进行监控之后，加拿大鲑鱼的死亡情况有所好转。但是，只要喷药计划还在执行，那些热衷于鲑鱼垂钓的人就不会释然。

还有一系列不同寻常的事件把米拉米奇河西北流域的鲑鱼从鬼门关救了回来，简直可以说是百年一遇。我们有必要知道发生了什么以及这些事件背后的原因和意义。

正如我们所知道的，米拉米奇河西北流域曾在1954年喷洒过大量化学农药。之后，除了一小片狭长地区在1956年重复喷药之外，整个上游再未喷洒过农药。1954年秋天，一场热带风暴神奇地改变了米拉米奇河里鲑鱼的命运。强热带飓风“埃德娜”一路北上，给新英格兰地区和加拿大海岸带来丰沛的雨水。雨水形成的洪流裹挟着大量淡水注入大海，使洄游的鲑鱼数量暴增。因此，河床沙砾中的鱼卵数量也暴增。1955年春天，在米拉米奇河西北流域孵化出的鲑鱼苗遇上了理想的生存环境。虽然在1954年DDT将河里的昆虫杀死了，但是此时作为鲑鱼苗常规食物的小昆虫已经恢复到了正常数量。1955年，鲑鱼苗的食物充足，加之大龄鲑鱼已被农药杀死，抢食的对手的数量骤减。因此，鲑鱼苗成长迅速，成活率极高。它们快速成长，在内河停留的时间缩短，提前进入大海。1959年，这批鲑鱼中的大多数洄游到米拉米奇河西北流域，在河床的砂砾中产下大量鱼卵。

米拉米奇河西北流域的鲑鱼洄游状况相对良好，是因为这里只喷过一次药。反复喷药的结果在其他河段中表现得比较明显，因为那里的鲑鱼数量锐减。

在所有喷过药的河段中，幼鲑非常少见。生物学家报告说，最小的鲑鱼苗“几乎消失殆尽”。米拉米奇河西南流域在1956年和1957年喷过药，结果1959年该河段的捕鱼量达到10年来的最低点。渔民们议论纷纷，洄游产卵的鲑鱼数量急剧减少。米拉米奇河河口取样处的数据显示，1959年鲑鱼洄游的数量仅为前一年的1/4。1959年，整个米拉米奇河流域首次入海的2岁龄幼鲑仅有60万条，不足过去3年中任意一年的1/3。

在这样的背景下，新布伦瑞克的鲑鱼产业只能寄希望于找到一种能够代替DDT的化学药剂。

发生在加拿大东部的情况并无二致，甚至因其森林喷药的范围极广，所收集到的证据更加充分。美国缅因州也有云杉和香脂冷杉林，同样面临着昆虫防控问题。缅因州也有鲑鱼洄游——洄游的数量虽然与之前相比大幅减少，但生物学家和环保主义者仍拼尽全力，在充斥着工业污染和原木阻塞的河流中为鲑鱼保留了这片栖息地。为了灭杀无处不在的云杉食心虫，这里也喷过农药，但受影响的区域相对较小，而且也没有危及鲑鱼产卵的重要河段。然而，缅因州鱼类及野生动植物管理局对一个区域内的鱼类所做的调查却是个不祥的预兆。

该管理局报告说：“1958年喷药之后不久，大戈达德河中就出现了大量濒死的吸口鱼。这些鱼表现出典型的DDT中毒症状。它们到处乱游，浮上水面换气，同时伴有战栗和抽搐症状。喷药后的头5天，人们捞上来668条死掉的吸口鱼。在小戈达德河、卡里河、艾尔德河和布莱克河中也出现了大量死亡的鲦鱼和吸口鱼。人们经常能看到虚弱、濒死的鱼儿顺河漂流而下。喷药一个多星期之后,人们还发现失明的、濒死的鲑鱼身体僵硬地顺着水流漂往下游河段。”

多项研究结果已经表明,DDT可以使鱼类失明。1957年,一位加拿大生物学家观察温哥华北部的喷药结果后报告说,原本很凶猛的鳟鱼现在可以被人轻而易举地徒手从水里捞起。它们游动速度缓慢,也没有试图挣扎逃脱。经检查,它们的眼睛蒙了一层白膜,视力受损甚至失明。加拿大渔业部开展的实验发现,接触浓度为3ppm的DDT后,没有死亡的银鲑都出现了失明症状,眼球晶体混浊。

但凡有森林的地方,现代昆虫防控的手段就会影响林荫之下河流中的鱼类。1955年,美国黄石公园及其周边地区的农药喷洒造成鱼类死亡的事件引起了轰动。当年秋天,黄石河中出现大量死鱼,令垂钓者和蒙大拿州渔猎管理人员大为震惊。约90英里的河流遭受严重影响,人们在一段300码长的河岸边发现了600条死鱼,其中包括褐鳟、白鲑和吸口鱼。而作为鳟鱼天然食物的水生昆虫则被消灭殆尽。

林业部门的官员声称,他们严格遵循每英亩1磅DDT的“安全标准”进行喷洒。但是,喷药所产生的实际后果却表明这一标准并不可靠。1956年,蒙大拿州鱼类及野生动植物管理局与两家联邦政府机构——美国鱼类及野生动植物管理局和美国林业局——开始进行联合研究。同年,蒙大拿州喷药面积达90万英亩;次年,喷药面积达80万英亩。因此,生物学家轻而易举就能找到研究样本。

各地鱼类死亡的方式总是以一种典型的模式呈现出来:森林上空弥漫着DDT的味道,水面上漂着一层油膜,鳟鱼死在河岸边。所有接受检验的鱼儿不管是死掉的还是濒临死亡的,体内都积存着 DDT。与加拿大东部的情况一样,喷药导致的一大严重后果是饵料生物严重减少。在很多区域,水生昆虫与其他河底生物的种群数量已减少到正常数量的 10%。这些对鳟鱼生存至关重要的生物种群一旦遭到毁灭,需要很长时间才能恢复。喷药后的第二年夏末,仅少数水生昆虫数量得以恢复。在一条曾经生活着大量水底生物的河流中,如今几乎找不到任何昆虫。这条河流中可供垂钓的鱼的数量也下降了 80%。

并不是所有的鱼当场就会死亡。事实上,后期死去的鱼比喷药后立即死去的鱼的数量要多得多。正如蒙大拿州的生物学家发现的那样,由于延迟的死亡发生在鱼汛之后,所以很容易被忽视。在人们进行研究的河流中,秋季产卵的鱼类大量死亡,其中包括褐鳟、美洲红点鲑和白鲑。这一发现不足为奇,即使是人类,在面对生理应激反应时都需要从积蓄的脂肪中摄取能量。这样一来,存储在组织内的 DDT 就会对机体造成致命伤害。

至此,我们应该十分清楚,每英亩森林喷洒 1 磅 DDT 会对生活在林间河流中的鱼儿造成致命伤害。而且,因为没能有效防控云杉食心虫,很多地区进行了重复喷洒。蒙大拿州鱼类及野生动植物管理局坚决反对重复喷药,声明“绝不愿意仅为一项必要性和功效都值得怀疑的计划”而牺牲掉渔业资源。但是,该局又声称将继续与林业局加强合作,“寻找危害最小的方式”。

这种合作真的能成功拯救鱼类吗?在这一点上,英属哥伦比亚群岛最有发言权。该省黑头食心虫肆虐多年,林业部门的官员担心,树叶再脱落一季的话树木会大量死亡,于是决定在1957年采取防控措施。他们与渔猎部门进行多次磋商,但渔猎部门的官员们担心这会对鲑鱼洄游造成伤害。于是,林业部门同意在不影响效果的前提下,尽最大努力调整喷洒方案,以减少对鱼类的危害。

尽管采取了预防措施,尽管付出了努力,但是,至少有4条主要河流中的鲑鱼几乎全军覆没。

其中一条河流中,40000条成年银鲑几乎全被杀死,另有数千条硬头鳟和其他鳟鱼也死了。银鲑洄游的周期为3年,而洄游的银鲑几乎都是同一年龄段的。银鲑与其他鲑鱼一样,有很强的洄游本能,它们只会返回自己的出生地,而不会游到其他河流中去。这就意味着,3年一次的银鲑洄游将不复存在,除非通过精心的人工繁殖或其他方法恢复。

其实,有一些解决办法既能保护森林又不会危害鱼类。如果我们放任现状不管,任由河流变成死亡之河,那我们将陷入绝望和失败之中。我们必须广泛利用已知的替代方法,必须充分调动聪明才智与资源去发现新办法。一些记录在册的例子显示,天然的寄生虫在控制食心虫方面的效果远超农药喷洒。这种自然防控措施应当被充分利用。或者,我们可以使用毒性较小的化学药剂,或者最好能够引进可以致使食心虫染病的微生物,从而不至于对整个森林的生态网造成破坏。这样做的效果有可能会更好。我们可以观察这些替代性办法及其成效。但最重要的是,我们要意识到,喷洒药剂不是防治森林虫害的唯一办法,也不是最优方案。

对鱼类造成危害的杀虫剂主要有三类。如我们所知,第一类是针对林区某一特定虫害所进行的农药喷洒,主要影响北方林区河流中的鱼类。这一类杀虫剂主要是DDT。第二类是大量的、不断蔓延和扩散的森林杀虫剂,会危及美国各湖泊、河流中的鲈鱼、太阳鱼、吸口鱼、鲑鱼和其他鱼类。第三类杀虫剂几乎和目前所有的农业杀虫剂有关,其中只有异狄氏剂、毒杀芬、狄氏剂和七氯等少数主要农药容易辨识。此外,由于相关研究刚刚起步,我们必须充分考虑照此情形发展下去将会产生什么后果,对盐沼、海湾和入海口处的鱼类又会产生何种危害。

新型有机杀虫剂的广泛使用势必给鱼类造成严重危害。鱼类对现代杀虫剂的主要成分氯代烃极为敏感。将数百万吨有毒化学物质洒到地表,有毒物质自然会以各种方式进入陆地与海洋之间无休止的水循环中。

有关鱼类的死亡报告(其中一些报告中鱼的死亡率奇高)层出不穷,以至于美国公共卫生署不得不设立专门的办事处来收集各州的报告,作为水污染的评估参数之一。

这个问题与广大民众密切相关。约有 2500 万美国人将垂钓视为主要的休闲娱乐活动,另外还有 1500 万人会偶尔施展一下身手。这些人每年花费在办理执照,购买钓具、露宿装备、汽油,住宿等方面的费用高达 30 亿美元。假如他们的这一爱好被剥夺,将会导致巨额经济损失。商业捕捞也同样会蒙受经济损失。更为重要的是,鱼类还是人们重要的食物来源。内陆和近海渔业(不包括深海捕鱼)每年的捕鱼量约为 30 亿磅。然而,正如我们所见到的,杀虫剂现今已侵入溪流、池塘、江河及海湾,正威胁着渔猎休闲与商业捕捞。

鱼类因农作物喷洒农药而死亡的例子不胜枚举。在加利福尼亚州,人们喷洒狄氏剂防控稻叶害虫,导致约 60000 条可供垂钓的鱼死亡,其中大多为蓝鳃太阳鱼和翻车鱼。在路易斯安那州,人们在甘蔗田里喷洒异狄氏剂,仅 1960 年就出现了 30 多次鱼类大量死亡事件。在宾夕法尼亚州,人们用异狄氏剂来防控果园中的老鼠,导致鱼类大量死亡。在美国西部高原,人们使用氯丹防控蝗虫,结果是大量河中的鱼中毒身亡。

美国南部为防控火蚁实施了大规模的喷药计划,波及范围甚广。该计划主要喷洒的农药是七氯,对鱼类的毒性与DDT相比稍逊。还有一种防控火蚁的农药是狄氏剂,对所有水族生物的危害都非常大。但是,给鱼类带来最致命伤害的是项目中使用的异狄氏剂和毒杀芬。

在进行火蚁防控的地区,无论喷洒的是七氯还是狄氏剂,都出现了水族生物灾难性死亡的现象。研究农药危害的生物学家的报告称,在得克萨斯州,“尽管我们在喷洒时刻意避开运河,但还是出现了大量水族生物死亡的情况”,“被处理过的水域中出现大量鱼类死亡的情况,持续了3个多星期”;在亚拉巴马州,“喷药之后没几天,威尔考克斯郡的绝大部分成年鱼便身亡”,“季节性水域和小支流中的鱼则完全灭绝”。

路易斯安那州的农民抱怨池塘养殖减产。在一段不足500米的运河岸边出现了500多条死鱼,要么漂在水面上,要么横尸岸边。[1]另一个教区死了150条翻车鱼,占种群总数的1/5。还有其他5种鱼则完全消失。

[1] 两个“500”形象地说明了死亡鱼的数量之多。

检测员在佛罗里达州农药喷施区池塘的养殖鱼体内发现了七氯以及环氧七氯的残留。这些养殖鱼包括经常出现在人们餐桌上的鲈鱼和翻车鱼,而它们也是垂钓者的最爱。但是,美国食品药品监督管理局认为,这些鱼体内含有危害人体的剧毒化学物质,很小剂量就会造成严重危害。

关于鱼类、青蛙和其他水族生物死亡的报告纷至沓来。致力于研究鱼类、爬行动物和两栖动物的美国鱼类学家和爬虫学家协会于1958年通过了一项决议，呼吁美国农业部门及相关部门“在造成不可挽回的损失之前，应停止从空中喷洒七氯、狄氏剂以及其他毒药”。该协会呼吁人们关注美国东南部品种丰富的鱼类和其他生物，包括美国所独有的一些珍惜品种。该协会进一步警示说：“这其中的很多动物生活区域很有局限性，因此很容易就会灭绝。”

由于南部各州通过喷洒农药来防控棉花害虫，鱼类遭受了重大损失。1950年夏天，亚拉巴马州北部棉花产区经历了一场浩劫。在这之前，少量的有机杀虫剂就能有效防控象鼻虫。但是，由于连续几个暖冬，1950年，象鼻虫灾害暴发。于是，在当地农药经销商的撺掇下，80%~95%的农民开始使用杀虫剂。棉农最钟情的一种农药是毒杀芬，对鱼类具有毁灭性杀伤力。

那年夏天，暴雨频降，农药被雨水冲入河流之中。于是，棉农喷洒更多的药剂以维持防控效果。当年，平均每英亩棉田的毒杀芬喷洒量为63镑。部分棉农在每英亩棉田上喷洒的毒杀芬高达200镑。有一个丧心病狂的棉农竟然在每英亩棉田上喷洒了550多磅毒杀芬。

后果可想而知。弗林特河所发生的一切是该地区情况的最好诠释。在注入惠勒水库之前，弗林特河需要在亚拉巴马州的棉田区蜿蜒流淌50英里。8月1日，该河流域普降大雨。雨水落入地表径流和小溪，最终汇入江河，致使弗林特河的水位上涨了6英寸。次日上午，人们发现，随着雨水被冲入江河的还有其他东西。鱼在河面上漫无目的地打转，时不时还会跳上河岸，很容易被抓到。一个农民捡起几条鱼，把它们放入涌泉池塘中。这些鱼在洁净的水体中得以恢复活力。河里一天到晚漂浮着死鱼的尸体，但这只是个开始。每一场雨后,更多的药剂被冲进河里,更多的鱼被毒杀。8月10日的一场大雨几乎将河中的鱼全部杀死。待8月15日的大雨将更多的农药冲进河里的时候,可供毒杀的鱼已经寥寥无几。人们将金鱼装进笼子,放入河中,结果这些金鱼一天内全部死亡。这也成为毒杀芬这种化学药物能够导致鱼类死亡的有力证据。

弗林特河中被毒杀的鱼中有大量白莓鲈,它们深受垂钓者喜爱。在惠勒水库中,人们也发现了大量死去的鲈鱼和翻车鱼。这些水域中的鲤鱼、牛胭脂鱼、石首鱼和鲶鱼也被毒杀殆尽。这些鱼并没有表现出明显的染病症状,只是在濒死时行为有些反常,鳃上呈现出奇怪的深酒红色。

农场水产养殖池塘温暖而封闭,若是周围环境中喷洒了杀虫剂,池塘中的鱼便会受到致命伤害。多起例子证明,雨水和地表径流会将农药带到池塘中。此外,执行喷洒任务的飞行员在经过池塘上空的时候,如果没有关闭农药喷嘴,也会导致农药直接洒入池塘。甚至不用这么复杂,正常的农药用量已经远超鱼类的致死剂量了。换言之,即使大幅度减少化学药剂的喷洒量也改变不了现在的结果,因为每英亩池塘超过0.1磅就会造成巨大危害。毒素一旦进入池塘,想要将其清除就会困难重重。因不想要闪光鱼,人们便在一处池塘中喷洒DDT。虽然此后池塘多次换水,但毒性依然存在,导致在此池塘中投放养殖的翻车鱼死亡率高达94%。显而易见,DDT已经留在池塘底部的淤泥之中了。

与现代杀虫剂刚问世的时候相比,现在的状况并没有明显好转。1961年,俄克拉荷马州野生动物保护局称,他们每周至少收到一份农场池塘或小湖泊内鱼类死亡的报告,而类似的报告数量一直在增加。多年来,人们对俄克拉荷马州鱼类死亡的过程已习以为常：向农作物喷洒农药—暴雨降临—毒药被冲进池塘—鱼类死亡。

池塘中的养殖鱼是很多地区重要的食物来源。这些地区在使用杀虫剂的时候将其对鱼类的影响抛诸脑后，从而引发了亟待解决的问题。例如，在罗得西亚（津巴布韦共和国旧称），浅水塘中 0.04ppm 的 DDT 造成了喀辅埃鲷鱼（一种重要的食用鱼）鱼苗的死亡。即使更换成剂量更小的其他杀虫剂，也会产生致命的危害。这种鱼所生活的浅水环境是蚊虫滋生的乐土。如何在防控蚊虫的同时保护好非洲中部重要的食用鱼资源，对此人们还没有找到妥善的解决办法。

菲律宾、中国、越南、泰国、印度尼西亚和印度的虱目鱼养殖也面临同样的问题。这些国家在近海的浅水区养殖虱目鱼。成群的鱼苗会突然出现在沿岸的海水中（没有人知道它们来自哪里）。人们将它们捞起来放在池塘中发育成长。对于东南亚和印度以稻米为主食的几百万人口来说，这种鱼是非常重要的蛋白质来源。因此，太平洋科学大会建议国际社会采取联合行动，寻找目前虱目鱼不为人知的产卵地，进而实现养殖规模的最大化。然而，农药喷洒给虱目鱼养殖造成了巨大损失。在菲律宾，为了防控蚊虫而进行的区域性喷药使养殖户损失惨重。空中作业的飞机飞过一个有 12 万条虱目鱼的池塘之后，尽管池塘主通过拼命向池塘中灌水来稀释毒素，但还是有半数以上的虱目鱼命丧黄泉。

1961 年，得克萨斯州奥斯汀市的科罗拉多河出现了近年来最惊人的鱼类死亡事件。1 月 15 日，周日拂晓，奥斯汀新城湖的湖面和下游约 5 英里处的科罗拉多河的河面上出现了死鱼。一天前还没有人发现这件事。1 月 16 日，下游 50 英里处河段有人报告发现死鱼。很明显，某种有毒物质正顺着河流向下游扩散。1月21日，下游100英里处的拉格兰奇市附近河段出现死鱼。一周之后，毒素在奥斯汀以南200英里的河段“大开杀戒”。1月份的最后一周，为防止毒素进入马塔戈达湾，政府关闭沿海航道，将河水引流至墨西哥湾。

与此同时，奥斯汀的调查人员留意到七氯和毒杀芬的气味。该气味在一处排水管道口处尤为强烈。这条排水管道此前与工业废水所带来的麻烦有关。得克萨斯州渔猎委员会的工作人员顺着通往湖泊的排水管道逆向追查，发现一家化工厂所有排水管道口都散发着与六氯化苯类似的气味。该化工厂主要主产DDT、六氯化苯、七氯、毒杀芬以及少量其他杀虫剂。该厂负责人承认，最近确实有杀虫剂粉末被暴雨冲进了排水管道。更让人惊讶的是，他还承认，过去10年间，该厂通常采用这一方法处理杀虫剂流溢与残留。

经过进一步调查，渔业部门官员发现，排水管道的水（雨水或清洁用水）中含有杀虫剂的现象相当普遍。然而，证据链的最后一环竟然是，在湖泊与河流中的水对鱼具有致命杀伤力之前，人们刚用数百万加仑的高压水冲刷了整个排水系统。这次冲刷无疑将沙砾、碎石中积存的杀虫剂释放出来并带到了湖泊与河流之中。之后的化学实验也证实了这一点。

大量毒素沿着科罗拉多河顺流直下，造成大量死亡事件。湖泊下游140英里河段内的鱼死亡殆尽，人们试图用网捕捞幸免于难的鱼，结果却一无所获。在1英里长的河岸上，人们发现了27种死鱼，重约1000磅。死鱼中有该河段深受欢迎的垂钓鱼——叉尾鮰、蓝鲶鱼、平头鲶鱼、胖头鱼、翻车鱼（4种）、闪光鱼、鲮鱼、曲口鱼、大嘴黑鲈、鲤鱼、胭脂鱼、吸口鱼，还有鳝鱼、雀鳝、红鲤、马口鱼、内河鲱鱼和牛胭脂鱼。

其中有些鱼是这条河里的“老居民”,看个头就能推测出它们肯定在这条河里生活了很多年。很多平头鲶鱼的重量超过25磅,据说当地居民还捡到过60磅重的。官方甚至记录过一条重达84磅的蓝鲶鱼。

渔猎委员会预计,即使不再发生进一步的污染,河里鱼群的构成状况短期内也不会有任何改善。一些本地特有的品种,数量很可能永远无法恢复了。其他鱼类则只能依靠大量人工繁殖才能实现数量复原。

虽然奥斯汀鱼类死亡灾难的真相已经大白,然而灾难远未结束。河水向下游行进200多英里之后,含有的毒性依旧可以杀死鱼类。人们认为,一旦河水注入马塔戈达湾的牡蛎养殖场和捕虾场,后果将不堪设想。于是,这些河水被引流到墨西哥湾的开放水域中。可墨西哥湾的情况会怎么样呢?10多条带着同样毒素的河流注入墨西哥湾,会给那里带来什么样的影响呢?

目前,我们对上述问题的回答只能靠猜测。但是,人们开始日益关注杀虫剂对河口、盐沼、海湾和其他沿海水体的污染。这些水域不仅要容纳有毒的河水,有时候还会面临灭杀蚊虫的直接药物喷洒。

没有哪个地方能够像佛罗里达东海岸印第安河沿岸地区那样直观地显示出杀虫剂对盐沼、河口与宁静海湾地区的危害。1955年春天,圣露西县为消灭沙蝇幼虫,向约2000英亩盐沼地喷洒狄氏剂,药剂的有效成分约为每英亩1磅。对于水族生物而言,这次喷药不啻一场灭顶之灾。佛罗里达州卫生委员会昆虫学研究中心的科学家对喷药后的惨状做了调查并报告说,鱼类“彻底死亡”。海岸上遍布着鱼类的尸体。从空中可以看到,成群的鲨鱼游过来吞食奄奄一息、一动不动的鱼。没有哪种鱼能够幸免于难。死鱼中包括胭脂鱼、锯盖鱼、长棘银鲈和柳条鱼。

“除印第安河岸区之外,整个沼泽区被毒死的鱼有20~30吨,约30种、117.5万条。”调查组的R.W.小哈灵顿和W.L.彼得林梅尔报告说。

成年的软体动物似乎没有受到狄氏剂的影响,甲壳动物则全部死亡。显然,所有的水生蟹类都遭受严重危害:招潮蟹几乎全部被毒杀,仅农药喷洒遗漏的小片沼泽中仍有暂时的幸存者。

体型较大的捕捞鱼和食用鱼死亡最快……螃蟹会爬到濒死的鱼身上大快朵颐,第二天便随之死去。水生螺接着吃死鱼。两周之后,死鱼的尸体便已消失不见。

已故的赫伯特·R.米尔斯博士在佛罗里达州对岸的坦帕湾所观察到的情况同样凄惨。美国奥杜邦协会在此区域(包括威士忌湾在内)建立了一个海鸟保护区。具有讽刺意味的是,当地卫生部门喷药灭杀盐沼蚊虫之后,保护区变成避难所。鱼类和螃蟹再次成为主要受害者。体型娇小、外壳色彩斑斓的招潮蟹像牧场的牛群一样在泥地上结队前行,对于杀虫剂毫无抵抗力。经过夏秋两季的连续喷洒(一些地区喷药多达16次),米尔斯博士在报告中总结:“目前,招潮蟹的数量呈现明显下降的趋势。10月12日,根据当天的潮汐和天气状况,这片海滩上本应该出现10万只招潮蟹,但实际出现的却不足100只。这100只非死即病的招潮蟹颤颤巍巍、步履蹒跚,仿佛失去了爬行能力。而附近没有喷药的地方,招潮蟹则大量存在并相当活跃。”

招潮蟹对于其身处的生态系统而言至关重要。它们是很多动物的重要食物来源。沿海的浣熊以它们为食。长嘴秧鸡等沼泽鸟、各类滨鸟以及迁徙而来的海鸟也会以招潮蟹为食。新泽西一块盐沼地在喷洒 DDT 之后的几周内，笑鸥的数量就下降了 85%。据推测，这可能是因为笑鸥在喷药之后找不到充足的食物。沼泽里的招潮蟹还有其他方面的重要作用。它们是食腐动物，会到处挖洞，使沼泽的土壤能够透气。它们还为渔民提供大量饵料。

招潮蟹并非潮汐沼泽与河口地区唯一遭受杀虫剂威胁的生物，很多其他对人类更重要的动物也处于危险之中。切萨皮克湾与大西洋西岸常见的蓝蟹（又名青蟹或梭子蟹）便是其中一例。这种蟹对杀虫剂很敏感，所以人们每一次在潮汐沼泽的溪流、水沟或池塘中喷药，都会导致大量蓝蟹死亡。毒素残留不仅会造成本地螃蟹死亡，还会杀死那些从海里迁徙过来的螃蟹。有时候，中毒可能是间接造成的。跟印第安河附近沼泽地的情况雷同，螃蟹食用中毒濒死的鱼之后中毒。杀虫剂对于龙虾的伤害我们目前知之甚少。然而，龙虾与蓝蟹同属节肢动物，生理特征相似，估计也难逃杀虫剂的魔网。而可供人类食用且具有直接经济价值的石蟹与其他甲壳动物同样难逃厄运。

近海水体（海湾、海峡、河口与潮汐沼泽）形成一个重要的生态单元，直接关系各种鱼类、软体动物及甲壳动物的命运。一旦这些地方变得不适宜生存，那么这些海味将从我们的餐桌上永远消失。

那些广泛分布于近海的鱼类也需要到近岸水体产卵、育苗。佛罗里达西海岸 1/3 的低地中溪流与运河交错，数不清的海鲢幼鱼在迷宫一样的红树林中生活。在大西洋沿岸，海鳟、白花鱼、石首鱼会在海岛浅滩和纽约州南部一条保护链似的“堤岸”上产卵。幼鱼孵化出来后随着潮汐被卷入海湾。

它们会在克里塔克海湾、帕姆利科海湾、博格海湾和其他许多海湾、海峡中找到充足的食物,迅速生长。如果没有这些温暖、安全、食物充足的繁育区,上述各种鱼类,包括其他一些品种的鱼类将无法维持正常的种群数量。然而,我们却任由杀虫剂通过河流进入其中,或者对沿岸沼泽地的农药喷洒视若无睹。殊不知,这些鱼苗比成鱼更容易受到化学药剂的影响。

海虾也要依靠近海的繁育场所进行繁殖。数量丰富、分布广泛的海虾是大西洋南部和墨西哥湾地区的渔业支柱。尽管海虾在大海中产卵,但它们在几周大的时候会游往河口和海湾,在那里蜕皮并不断发育。从五六月份一直到秋天,它们会待在那里并以水底残屑为食。在整个近海生活期间,海虾的数量和捕虾的产业都依赖于河口条件。

杀虫剂是否会对捕虾业和海虾的市场供应造成威胁?美国商业渔业局最近的实验或许能够为我们提供答案。实验发现,刚过幼苗期、开始具备商业价值的海虾对杀虫剂的耐受能力非常低,其耐受程度要用 ppb(10 亿分比浓度)为单位来衡量,而非通常所用的 ppm 浓度单位。一次实验中,多半海虾被浓度为 15ppb 的狄氏剂杀死。其他化学药剂对海虾来说毒性更大,首当其冲的是异狄氏剂,5ppb 的浓度就能使半数海虾死亡。

牡蛎和蛤蜊所受的杀虫剂威胁更为严重,幼体也极易中毒。这些贝类生活在从新英格兰到得克萨斯州的海湾、海峡和潮汐河流的底部以及太平洋沿岸的庇护区域。虽然成年贝类不会迁徙,但是它们会把卵产在海洋之中,幼贝在几周之后就能自由活动。夏日,渔船会拖着细密的渔网捕捞各种浮游生物,其中可能夹杂着细小、纤弱的牡蛎和蛤蜊幼体。

这些尘粒大小的透明幼贝在水面游动,以微小的浮游植物为食。一旦微小的海洋植物遭毁灭,这些幼贝将会全部饿死。然而,不幸的是,杀虫剂杀死了大量浮游植物。一些用于草坪、耕地甚至沿海沼泽的除草剂对浮游植物来说伤害力巨大。有些植物连 10ppb 的杀虫剂都承受不了。

脆弱的幼贝会被极少量的杀虫剂杀死。即使接触的杀虫剂的剂量不足以致命,幼贝生长速度也会放缓,并最终难逃死亡的厄运。生长速度放缓,意味着幼贝在有毒的浮游生物间生长的时间变长,其长成成体的机会也更加渺茫。

成年软体动物中毒的危险性明显较小,至少对于某些杀虫剂来说是这样。但这并不意味着它们就可以高枕无忧。牡蛎和蛤蜊的消化器官和其他身体组织可能会蓄积有毒物质。人们在吃它们时,通常会整只吞下,甚至还会生吃。美国商业渔业局的菲利普·巴特勒博士曾打过一个比方:我们的处境可能与知更鸟一样悲惨。他提醒我们,知更鸟并非死于和 DDT 的直接接触,而是因食用了体内含有高浓度 DDT 的蚯蚓才命丧黄泉。

诚然,防控昆虫导致河流、池塘中成千上万种鱼类和甲壳动物死亡,这种直观的后果令人震惊。但是,那些随着河流、小溪间接进入河口的杀虫剂所带来的目前不可见、不可知甚至不能预测的影响却更具灾难性。整体形势不明朗,大多数问题目前都没有令人满意的答案。我们知道,农田和森林里的杀虫剂通过地表径流汇集起来,进入海洋。但是,我们不知道这些农药的种类有多少、浓度有多大。而且,汇入大海之后,在高度稀释的情况下,目前我们还没有可靠手段来确定其种类与总量。尽管我们知道化学药剂在漫长的迁移过程中会发生变化,但我们不知道的是它们的毒性变强还是变弱了。另一个有待探索的问题就是化学药剂之间的反应。多种化学药剂进入海洋环境之后，必然会与海洋中多种无机物发生混合和转移。所有这些问题都急需全面的研究才能得到精准答案，然而这方面经费的投入却少得可怜。

淡水和海洋渔业极为重要，关乎广大民众的利益与福祉。如今，化学药剂进入水体，对渔业构成严重威胁，这一点已成为共识。如果能从每年用于研发杀虫剂的经费中拿出一小部分来开展建设性研究，我们就能发现危害性较小的防控办法，并且使河流免受有毒杀虫剂的危害。公众什么时候才能够认清事实，主动呼吁采取这样的行动呢？[2]

[2] 本章写“死亡之河”，但生灵涂炭的不仅有河，还有海。淡水和海洋渔业同样饱受杀虫剂之害。

第十章 祸从天降

最初,药剂的喷洒仅限于农田和森林等小范围,但之后范围不断扩大,药剂的剂量也在不断加大。一位英国生态学家将其称为洒在地球表面的“一场骇人的死亡之雨”。人们对于农药的态度也在悄悄发生改变。曾经,药剂的外包装上都设计有骷髅图案,同时还会附有“使用需小心谨慎”的文字说明,且仅在少数情况下针对指定灭杀对象时方能使用。但是,随着新型有机杀虫剂被不断研发出来,加上二战之后出现了大批量闲置飞机,一切都被抛诸脑后。令人费解的是,尽管新型化学药剂的毒性更强,但人们还是肆意将其从空中喷洒下去。不只是害虫和植物会成为被打击的目标,喷洒范围内的一切(包括人和其他生物)都会深受其害。药剂喷洒也不再局限于农田和森林,“魔爪”开始伸向城镇和农村。[1]

[1]“魔爪”生动形象地写出了农药喷洒之骇人。

不少人对这种大规模的空中喷药行为深感担忧。20世纪50年代末,美国东北部各州清剿舞毒蛾和南部灭杀火蚁的两次大规模喷药行动愈发加重了这种焦虑。这两种昆虫都不是美国本土昆虫,虽然在美国已经存在多年,但并未造成什么严重的危害。然而,由于害虫防控部门“为达目的不择手段”的指导方针,人们还是对这两种昆虫采取了极端措施。

清剿舞毒蛾的行动表明,如果以草率的、大规模的治理方式取代局部的、有节制的防控计划,将会造成多么大的损失。而灭杀火蚁的行动更是一个小题大做的典型案例:在对灭杀害虫的合理剂量以及对其他生物所带来的影响有科学认识之前便贸然行动。最终,两次行动都以失败告终。

原生于欧洲的舞毒蛾在美国已生活了近百年。1869 年,法国科学家奥波德·特维罗特在马萨诸塞州梅德福市的实验室中尝试将舞毒蛾与蚕杂交,结果在实验中不慎将几只舞毒蛾放了出去。后来,舞毒蛾在新英格兰地区扩散开来。由于舞毒蛾的幼虫很轻,能够随风飘得又高又远,所以风就成了其最主要的扩散媒介。另外,由于其幼虫附着在植物上过冬,植物携带便成为舞毒蛾扩散的另一种途径。每年春天连续数周,舞毒蛾的幼虫会破坏橡树和其他硬木植物的树叶。目前,舞毒蛾已广泛分布于新英格兰地区。新泽西州和密歇根州不时也会出现舞毒蛾的身影。新泽西州的舞毒蛾是随着 1911 年一批从荷兰运来的云杉树进入的,而密歇根州舞毒蛾的入侵路径尚不明确。1938 年,新英格兰的飓风将舞毒蛾带到了宾夕法尼亚州和纽约州。然而,由于纽约州阿迪朗达克山脉的树种对舞毒蛾没有任何吸引力,所以它们开始停止向西行进。

人们用尽浑身解数将舞毒蛾控制在美国的东北部。在其入侵美国的近百年时间里,它们并没有像人们担心的那样危害阿巴拉契亚山脉的硬木林,现在看来,这些担心有点多余。新英格兰地区成功繁殖了 13 种从国外引入的寄生虫和捕食性昆虫。农业部也认可了这项引进计划,因为舞毒蛾虫害暴发的频率和危害程度因此而大大降低。通过自然防控、强化检疫措施与局部喷药等方法,新英格兰地区取得了农业部在 1955 年宣布的成果——明显抑制了舞毒蛾的扩散和危害。

然而,仅仅一年之后,农业部植物虫害防控部门就开始对数百万英亩土地实行地毯式全覆盖农药喷洒计划,声称要完全“根除”舞毒蛾[2]（“根除”这个词的含义，是要将该物种从其所在地区彻底清剿。由于此前计划接连失败，农业部不得不反复强调“根除”这个词）。

[2]“声称”暗含作者对农业部官员荒唐决定的嘲讽。

因此，农业部向舞毒蛾发动了声势浩大的化学战，于1956年对宾夕法尼亚州、新泽西州、密歇根州和纽约州附近的百万英亩土地进行了农药喷洒。如此大规模的喷药行动使得这些地区的人们怨声载道。日渐成型的喷药模式令环保主义者极度不安。1957年，当农业部宣布对300万英亩土地进行喷药的计划之后，反对的声音愈发激烈。州政府和联邦农业部门的官员依旧不予理睬，觉得这些抱怨根本不值一提。

1957年，纽约州长岛市被纳入喷药范围，所涉地区主要为人口密集的城镇、郊区及盐沼周围的海岸地区，其中纳苏郡的人口密度仅次于纽约市。这次喷药的依据竟然是“纽约大都会区会受到舞毒蛾扩散的危害”，简直荒唐透顶。舞毒蛾是一种森林昆虫，怎么可能生活在城市中？又怎么可能生活在草场、田野、花园或沼泽地里呢？1957年，美国农业部和纽约州农业与市场部租用的飞机依然将事先配好的油溶性DDT漫天洒下，洒向菜园、奶牛场、鱼塘和盐沼地。飞机飞过郊区时，一名家庭主妇正忙着将自己的花园盖严实，结果却被药剂打湿全身；正在玩耍的孩童和火车站上下班的人也都淋到了农药。在锡托基特，一匹顶级夸特马到刚喷洒过药剂的田间水槽里饮水，结果10个小时后一命呜呼。汽车上落满了斑斑点点的油性混合物，花儿和灌木丛也都生机不再。鸟、鱼、螃蟹和很多益虫也都一并被毒死。

在世界知名的鸟类学家罗伯特·库什曼·墨菲的带领下，一些长岛市民上诉到法院，请求颁布禁令阻止1957年的这场喷药行动，却被法院驳回。无计可施的市民一面忍受着从天而降的DDT，一面坚持上诉，希望法院能够颁布永久禁令。然而，由于喷药计划已经启动，法院判定市民要求下达禁令"没有实际意义"。抗议的市民上诉到最高法院，后者却拒绝审理此案。威廉·道格拉斯大法官对最高法院这一决定表达了强烈不满，他认为，"关于DDT的危害，许多专家和相关负责人已提出警告，这足以说明此案件对于公众的重要性"。

长岛市民提请的诉讼最起码使公众开始关注大规模使用杀虫剂的问题，并注意到了昆虫防控管理中对公民个人财产权利的漠视。

对大多数人而言，消灭舞毒蛾的喷药计划使牛奶等农产品受到污染是个意外。纽约州维斯切斯特郡北部占地200英亩的沃勒农场的情况十分典型。沃勒夫人曾特意请求农业部官员在安排农药喷洒的时候避开她家的农场，但实际向森林喷药的时候，怎么可能避开农场呢？她还主动提出可以自行对农场进行舞毒蛾排查，一旦发现就进行局部施药。尽管相关人员一再保证不会向她的农场喷药，但她家的农场还是被直接喷洒了两次，还有两次被附近飘来的药物污染。在喷药结束48小时后，经检测发现，沃勒农场格恩西纯种奶牛的牛奶样品中DDT浓度为14ppm。牧场中接受检测的草料样本也被污染了。该郡的卫生部门在已经得知检测结果的前提下，并未禁止这些牛奶流入市场。这是消费者权益缺乏保护的典型案例，类似的事情层出不穷。虽然美国食品药品监督管理局明令禁止销售含杀虫剂残留的牛奶，但是这一禁令的执行力度不够，仅适用于跨州贸易。各州和郡县没有必要遵守联邦政府关于杀虫剂的规定，除非本地的法律和联邦法律一致，而这种情况存在的可能性很小。

商品蔬菜园也受害颇深，一些蔬菜的叶子上遍布着窟窿和斑点，根本无法上市销售。还有一些蔬菜含有大量DDT残留。康奈尔大学农业实验中心在豌豆样品中检测出DDT的浓度为14~20ppm，而法定的最高浓度仅为7ppm。因此，菜农为了避免违法销售农药残留超标的蔬菜，只能被迫承担巨额的损失。他们中的一些人选择申诉并获得了一定赔偿。

空中喷洒DDT的现象与日俱增，法院受理的诉讼也越来越多，其中有一些是来自纽约州的养蜂户。在1957年的喷药计划启动之前，他们就因果园里喷洒的DDT蒙受过巨大损失。一位养蜂户痛苦地表示："1953年之前，我把美国农业部和美国农业院校的政策奉为宝典。"然而，当年5月，州政府实行大面积农药喷洒之后，他损失了800个蜂群。那次喷洒造成的危害面积广、程度重，因此，他与另外14名养蜂户状告州政府，要求赔偿损失25万美元。一位在1957年喷药行动中损失了400个蜂群的养蜂户说，生活在林区中的工蜂（负责外出采蜜、授粉、筑巢的蜜蜂）全部被杀死。在喷药相对较少的农田里，工蜂的死亡率也高达50%。他写道："5月时节，走进院子却听不到蜜蜂的嗡嗡声，真让人沮丧。"

舞毒蛾防控计划中充斥着各种不负责任的行径。租赁飞机的费用不按照喷洒的面积计算，而是按照喷洒药物的剂量来计算，势必会造成毫无节制的大面积喷洒，甚至很多地方被重复喷洒。空中作业的合同常常被州外的公司拿下，由于他们并没有在州政府注册，因此也不会承担必要的法律责任。在这种情况下，在苹果园和蜜蜂方面遭受直接经济损失的市民上诉无门。

1957年的喷药计划来势汹汹、危害巨大。但这之后，预算却大幅度缩减。相关部门对此闪烁其词，声称要对此前的工作进行“评估”，并测试其他可选择的杀虫剂。1957 年的喷药面积为 350 万英亩；1958 年的喷药面积降为 50 万英亩；而 1959—1961 年这 3 年，年喷药面积仅为 10 万英亩。其间，防控部门一定为长岛地区舞毒蛾的卷土重来而忧心忡忡。喷药计划耗资巨大、收效甚微，农业部的公信力因此大打折扣。

在这之后，农业部病虫害防控人员将精力转向南部一个更加野心勃勃的计划，舞毒蛾暂时被抛诸脑后。农业部的文件中再度频繁出现“根除”一词，这次被针对的对象是火蚁。

火蚁因被其叮蜇之后会产生灼热感而得名，一战后从南美洲经亚拉巴马州的莫比尔港进入美国。1928 年，火蚁扩散到莫比尔市各郊区并持续蔓延，目前已入侵南方大多数州郡。

火蚁进入美国 40 多年来并未引起过多关注。只有在火蚁数量庞大的几个州，因其常在地面造成高达尺许的巢丘，妨碍农业机械作业，人们才会将其视为一种令人讨厌的存在。仅有两个州将其列入害虫名单，而且火蚁在名单中排名末尾。无论是政府还是个人，似乎都觉得火蚁不会对牲畜和农作物造成什么威胁。

随着剧毒药剂被不断研发出来，官方对火蚁的态度突然发生了变化。1957 年，美国农业部发动了历史上最引人注目的宣传活动。一夜之间，火蚁变成官方媒体、电影镜头、政府报告中的攻击目标，被渲染成南方农业的掠夺者，是鸟类、牲畜和人类的终结者。联邦政府和遭火蚁危害的南方各州政府联合发起了大规模清剿活动，范围涉及 9 个州共 2000 万英亩土地。

1958年,清剿计划进行得如火如荼。一家商业杂志兴奋地报道:"随着美国农业部大规模害虫清剿计划的逐步实施,杀虫剂制造商已然迎来了销售的春天。"

除了那些在"销售热潮"中受益的既得利益者,公众普遍对此清剿计划持反对态度,从来没有哪次喷药计划激起如此广泛的民怨。这次行动计划不周、执行力差,是大规模昆虫防控失败的典型事例,其耗资巨大、荼毒生灵,还让民众失去了对农业部的信任。如果这种情况下还有资金投入该项目,那简直让人难以置信。

一些不可信的说辞居然获得了国会的支持。有人说,火蚁会叮咬在地面筑巢的鸟类的幼鸟,危害庄稼和野生动物,甚至严重威胁南方农业。还有人说,它们的刺对人类健康也是一大威胁。

这些说辞可信度如何?农业部听证会上想要获得拨款的发言人的说辞和农业部重要文件的内容并不一致。1957年发布的《灭杀危害牲畜与庄稼的害虫——杀虫剂品牌推荐》公报中甚至都没有提及火蚁。如果农业部承认这份公报确实是出自他们之手,那么这可是一个令人惊讶的"纰漏"。此外,长达50万字的《昆虫百科年鉴》(1952年卷)提到火蚁的文字仅有一小段。

农业部宣称火蚁会危害庄稼和牲畜的说法也毫无根据。亚拉巴马州农业实验室对此进行仔细研究之后得出了截然不同的结论。亚拉巴马州的科学家认为:"火蚁很少会毁坏庄稼。"亚拉巴马州理工学院的昆虫学家、美国昆虫学会轮值主席(1961)F.S.艾伦特博士说:"过去5年,我们从未收到任何关于火蚁毁坏庄稼的报告……目前也没发现火蚁会对牲畜产生任何危害。"一直在野外和实验室观察火蚁的研究人员说,火蚁主要以其他昆虫为食,这些昆虫大多是对人类有害的。据观察,火蚁会吃掉棉铃象甲的幼虫。它们堆土造窝的行为则会使土壤便于通气和排水。密西西比州立大学的调查证实了这些结论。而且这些研究比农业部的证据更为可信。因为农业部往往凭借陈旧的研究或对农民的口头访谈就得出结论,殊不知,农民难免会将蚂蚁的品种搞混淆。一些昆虫学家认为,火蚁的生活习性会随着数量的增加而发生改变,因此数十年前的研究成果几乎没有参考价值。

火蚁会危害人类健康同样也是杜撰的。为赢得民众对于喷药计划的支持,农业部在一部宣传片中炮制了很多关于火蚁的恐怖画面。被火蚁蜇咬的确很疼,但人们都有良好的防范意识,就像我们要小心黄蜂、蜜蜂一样。个别敏感的人偶尔会出现过激反应,医学文献中记载的火蚁毒液致死的案例只有1起,但也没有被完全证实。与此形成鲜明对比的是,人口统计部门仅1959年一年就统计了33起因被蜜蜂和黄蜂蜇伤而死亡的事件。然而,并没有人提议要“根除”蜜蜂与黄蜂。此外,当地的证据才最有说服力。虽然火蚁在亚拉巴马州已存在40余年且数量大,但该州卫生官员称:“从未出现火蚁蜇咬致死的记录。”他还认为,因被火蚁蜇咬而就医的情况也“非常偶然”。火蚁在草坪或者操场造窝,孩子们因此可能会被蜇咬,但这绝不是给数百万英亩土地喷药的借口。只需有针对性地处理一些巢穴,这种情况就会得到有效改善。

火蚁危害鸟类的言论纯属武断。亚拉巴马州奥本市野生动物研究中心负责人莫里斯·贝克博士最有发言权,他在该领域的工作经验非常丰富。贝克博士的观点与农业部的说法截然相反。他说:“亚拉巴马州南部和佛罗里达州西北部是极佳的狩猎区,美洲鹑和火蚁在这些地方能够共生共存……火蚁出现在亚拉巴马州40余年来,鸟类的数量在稳步增长。显然,如果外来的火蚁对野生动物造成了伤害,这种情况就不会出现。”

用来清剿火蚁的杀虫剂给野生动物带来了何种危害,这是另一个问题。清剿行动所用的农药是狄氏剂和七氯两种比较新的药物,尚未进行野外测试,没有人知道大规模喷洒会对鸟类、鱼类以及哺乳动物产生什么影响。但可以确定的是,这两种药剂的毒性是DDT的若干倍。当时,DDT已经使用了将近10年的时间,即便每英亩1磅DDT也会导致鸟类和鱼类大量死亡。但是,狄氏剂和七氯使用的剂量更重,大多数情况下为每英亩2磅,如果还需要同时防控白缘象甲的话,狄氏剂的使用量要增加到每英亩3磅。至于对鸟类的毒性,七氯的规定剂量相当于每英亩20磅DDT,而狄氏剂的规定剂量则相当于每英亩120磅DDT。

该州大多数环保部门、国家环保机构、生态学者以及昆虫学家纷纷紧急抗议,呼吁时任联邦农业部部长埃兹拉·本森推迟计划,至少等调查清楚七氯和狄氏剂对野生动物及家畜的影响并掌握防控火蚁所需的最小剂量之后再推行。但这些抗议无人理会,喷药计划在1958年如期进行,当年喷洒农药的土地面积达100万英亩。显然,这之后的任何研究工作都将于事无补。

随着喷药计划的推行,州和联邦野生动物研究机构以及各大高校的生物学家在研究中逐渐解开了真相。研究表明,某些地区喷药之后,野生动物数量一直在减少,甚至出现了种族灭绝,牲畜、宠物等也被毒死。农业部以“夸大其词”和“误导性太强”为由将这些证据全部销毁。

然而,纸包不住火。在得克萨斯州的哈丁郡,负鼠、犰狳及大量浣熊完全消失。即便到了第二年秋天,这些动物仍然踪迹难寻。人们在该地区所存数量不多的浣熊体内检测出了化学药剂残留。

人们在对死亡的鸟类进行解剖后发现,它们生前都间接吸收或直接吞食过灭杀火蚁的农药(唯一幸免于难的鸟类是麻雀,多地证据表明它们对农药具有较强的免疫能力)。1959年,亚拉巴马州一片土地在喷药之后,半数的鸟儿死亡。在地面活动或经常在低矮植被间活动的鸟类全部死亡。即使在喷药一年之后的春天,此地仍然没有任何鸣禽出现,营巢地区一片死寂。在得克萨斯州,很多鸟巢里出现了死去的画眉、美洲雀和草地鹨,大多鸟巢被废弃。得克萨斯州、路易斯安那州、亚拉巴马州、佐治亚州和佛罗里达州送往鱼类及野生动物服务中心检测的死鸟中,超过90%的鸟类体内都有狄氏剂和七氯的残留,有的浓度高达38ppm。

在路易斯安那州越冬、在北方地区繁殖的丘鹬体内被发现有防控火蚁的毒药残留,其原因不言而喻。丘鹬一般用长喙在泥土中觅食,主要食物为蚯蚓。喷药6~10个月之后,路易斯安那州幸存下来的蚯蚓体内七氯残留的浓度高达20ppm,一年之后的浓度仍为10ppm。丘鹬的间接中毒导致幼鸟和成鸟的数量显著下降,而这种现象在防控火蚁的当季就已出现。

最令南方狩猎者揪心的是美洲鹑的状况。喷药后,在地面觅食、筑巢的美洲鹑几近灭绝。举例来说,亚拉巴马州野生动物联合研究中心的生物学家曾对该州待喷药的3600英亩土地上的美洲鹑数量做过统计。该地区生活着13个鸟群,121只美洲鹑。喷药两周之后,该地区的美洲鹑全部死光。

所有被送到鱼类及野生动物服务中心检测的死亡样本体内都被检测出致命的农药残留。这一悲剧在得克萨斯州再次上演。一片面积为2500英亩的土地在喷洒过七氯之后,生活于此的美洲鹨全部死亡,90%的鸣禽也都难逃厄运。它们体内都检测出了七氯的残留。

除了美洲鹨之外,野火鸡的数量也因火蚁防控计划而锐减。亚拉巴马州威尔考克斯郡的某个地区在喷洒七氯之前有80只火鸡,而喷药后的当年夏季,除了一窝未孵化的蛋和一只死去的雏鸡,野火鸡踪迹难寻。家养火鸡遭遇了与野火鸡相同的命运。喷过药的农场里,火鸡很少下蛋,能够被孵化出的则少之又少,孵出的小鸡也很难存活。然而,附近未喷药的地区则没有出现此类现象。

火鸡的遭遇绝非孤案。受尊敬的美国知名野生动物学家克拉伦斯·科塔姆博士走访了不少受喷药计划影响的农户。他们普遍反映,喷药之后,"树上的小鸟"似乎都已消失。大多数农户还报告了自己的牲畜、家禽和宠物的死亡状况。科塔姆博士在报告中说:"一位农民对喷药人员大发雷霆,据说,他亲手埋葬或用其他方式处理了家中19头中毒身亡的奶牛。另外,他听说还有四五头奶牛也因农药中毒而死。那些出生后吃母乳的小牛犊也都死去了。"

科塔姆博士采访的这些人对土地喷药后几个月内发生的事情都感到困惑。一位妇女告诉他,喷药之后她养了几只母鸡,"但是很莫名其妙,能够孵出的以及能够存活下来的小鸡都很少"。还有一位养猪的农户"在喷药后整整9个月无猪可养。小猪要么一出生便是死胎,要么在出生后很快就会死去"。另一位养殖户也有相同遭遇,他报告说,37窝猪仔在正常情况下能有250头小猪,但实际存活的只有31头。此外,土地被喷药之后，他再也无法养鸡了。

农业部一直在否认牲畜的死亡与火蚁的防控计划有关。然而，佐治亚州班布里奇市的兽医奥蒂斯·波伊特文博士接诊过多起动物中毒病例，将动物死亡的原因归咎于杀虫剂：在喷药两周至数月之内，牛、羊、鸡、鸟以及其他野生动物都患上了一种致命的神经系统疾病。然而，这种疾病只出现在接触了有毒的食物或水源的动物身上，并没有影响到圈养动物。波伊特文博士以及其他兽医观察到的与权威资料中描述的狄氏剂或七氯中毒的症状相吻合。

波伊特文博士还讲过一个引人关注的案例：一头两个月大的牛犊出现了七氯中毒症状。对其进行彻底检查之后发现，它的脂肪内七氯的浓度为 79ppm。然而，此时距离上次喷药已经过去了 5 个月。小牛犊是因为吃草直接中毒，还是因为吃母乳间接中毒，抑或是在胚胎中已经中毒了？波伊特文博士质疑说："如果牛奶中含有七氯毒素，为什么不采取措施使喝本地牛奶的孩子们免遭毒害呢？"

波伊特文博士的报告提出牛奶污染这一重要议题。火蚁防控项目的主要实施区域是草地和农田。那么在这些地方吃草的奶牛情况如何呢？喷药之后，青草中必定会有某种形式的七氯残留。如果奶牛吃了这些草，牛奶中自然会带有这些农药残留。早在 1955 年火蚁防治计划实施之前，已有实验证明七氯会直接进入牛奶，后来关于狄氏剂的实验结果亦是如此。

虽然农业部的年刊现已将狄氏剂和七氯列入一个化学名单，该名单上的化学药剂会使饲料变得不适合产奶和产肉动物食用，但是，防控部门还是将这两种农药大规模喷洒在南方地区的农场中。谁能向消费者保证，牛奶中不会出现狄氏剂或七氯的残留呢？毫无疑问，农业部会建议农民在30~90天内不让奶牛进入喷药区域。鉴于很多农场面积很小，而喷药规模却如此之大，且很多喷药是通过飞机作业来完成的，该建议的可行性非常值得怀疑。而且，从药物残留的持久性来看，建议的隔离时间也远远不够。

虽然食品药品监督管理局对牛奶中的农药残留非常不满，但由于没有发言权，他们面对这种情况也束手无策。火蚁防控计划所涉及的大部分州的乳品制造工业规模都很小，其生产的产品不能跨州销售。因此，联邦政府的防控计划所造成的奶产品危机只能靠各州自行解决。1959年，提交给亚拉巴马州、路易斯安那州和得克萨斯州卫生官员或其他相关部门官员的调查资料显示，牛奶并没有接受过任何检测，因而牛奶是否已被杀虫剂污染也就不得而知。

事实上，与其说人们在火蚁防控计划实施之后针对七氯的特性进行了一些研究，倒不如说，有人查阅了之前发表的研究成果。然而，这些发表的成果对若干年后联邦政府的火蚁防控计划影响甚微。当时的研究者已经发现，只需要在动植物组织或土壤中存在很短时间，七氯就能够转化成毒性更强的环氧七氯——通过风化作用形成的氧化物。早在1952年，人们就已经知晓这种转化发生的可能。当时，食品药品监督管理局发现，母鼠摄入浓度为30ppm的七氯，两周之后，其体内所蓄积的环氧七氯的浓度就高达165ppm。

1959年，食品药品监督管理局发布禁令，禁止任何食品中含有七氯或环氧七氯残留。真相终于从晦涩的文献中走向公众的视野。禁令的出台至少暂时阻止了喷药计划。虽然农业部仍会争取火蚁防控的年度拨款，但地方农业机构在建议农民使用化学药剂方面越发犹豫。因为这些化学药剂会致使农作物无法销售。

简而言之,农业部在没有对所使用农药的属性进行调查时就大力推广喷药计划,或者即使做过调查,也对已有的研究成果不屑一顾。他们也没有预先做好调查,确定完成灭杀任务所需要的最小剂量。在经过3年大剂量施用药剂之后,他们在1959年突然将七氯用量从每英亩2磅减少至每英亩1.25磅,之后又降至每英亩0.5磅,且要平均分成两次进行喷洒,时间间隔为3~6个月。农业部一位官员对此解释说,"一项积极的改进计划"证明,小剂量喷施就能达到防控效果。如果农业部在计划实施之前获知该信息,不仅可以避免大量不必要的损失,也可以替纳税人节省一大笔开销。

1959年,农业部为了平息民众与日俱增的怒火,主动向得克萨斯州农场主们免费提供药剂,前提是这些农场主需要签署一份免责声明:如有任何损失,绝不追究联邦、州和当地政府的责任。同年,化学药剂造成的损失使亚拉巴马州政府深感震惊和愤怒,继而拒绝为该计划追加拨款。该州一名官员将该计划描述为"愚蠢、草率、拙劣,是恣意践踏其他公共和私人机构权利的典型"。虽然计划缺少了州政府的财政支持,但是联邦政府的拨款依旧源源不断。1961年,州议会再次被说服并划拨一小笔资金。与此同时,越来越多的路易斯安那州农民开始出现明显的抵触情绪,因为防控火蚁的化学药剂致使甘蔗害虫大量繁殖。更严重的是,这项计划收效甚微。1962年春,路易斯安那州立大学农业实验中心昆虫研究室负责人L.D.纽瑟姆博士对该计划做了简要概述:"联邦政府和各州机构联合开展的火蚁'根除'计划已彻底失败。目前看来,路易斯安那州火蚁的危害范围比计划实施之前更广。”

人们似乎开始转向一些更理智、更稳妥的做法。佛罗里达州报告说，目前该州火蚁数量远超喷药之前，因而宣布放弃大规模的“根除”计划，转而采取小范围的防控措施。

多年以前，人们就熟知一些投入低廉、效果绝佳的局部控制办法。因为火蚁有堆土筑巢的习惯，所以对其进行逐巢喷药处理相对简单。采用这种方式对土地进行处理，每英亩土地仅需要花费 1 美元。对于蚁堆较多的地区，可以采取机械化作业。密西西比农业实验中心研发出一种耕耘机，可以将火蚁巢丘推平后直接施放药剂。这种办法能够杀死 90%~95% 的火蚁，成本仅为每英亩 23 美分。相比较之下，农业部大规模防治计划每英亩的成本是 3.5 美元——费用最昂贵、危害最大、效果最差。[3]

[3] 本章写美国农业部先后两次实施大规模空中喷洒农药行动，结果可以说是失败的。由此可见，“祸从天降”的根源在于人。

第十一章　超乎波吉亚家族的想象

这个世界所遭受的污染不仅仅来自大规模的农药喷洒。实际上，对我们大多数人而言，与无数微小剂量的药剂日复一日、年复一年的接触更让人忧心。正如滴水能够穿石，铁杵能够磨成针，人类自出生到死亡持续接触化学药剂（与剂量大小无关）会使毒素在体内累积，从而导致慢性中毒。除非生活在与世隔绝的地方，否则没有人能够在不断扩散的化学污染中幸免。受软性推销和欺骗性语言的煽动，普通民众很少能够意识到周遭遍布致命的毒性物质。事实上，人们可能根本就没有意识到自己正在使用着这些物质。

有毒物质的时代已经来临。任何人走进任意一家商店都能轻而易举买到具有致死威力的化学药剂，只需在"含毒物品登记簿"上签字确认即可，根本不会有人前来盘问。如果顾客对货架上在售的化学药剂有最基本的常识，那么在任何一家商店调查几分钟之后，即使胆子再大也会被吓到。

如果商店在杀虫剂选购区上面悬挂骷髅图案，消费者进入该区域时会更加谨慎。然而事与愿违，该区域布置得温馨怡人：一排排杀虫剂像普通商品一样待在货架上，对面货架上摆着泡菜和橄榄，相邻货架上则是沐浴与清洁用品。盛放在玻璃器皿中的化学药剂摆在儿童触手可及的地方。万一这些容器不小心被碰倒，里面的药剂很可能会喷溅到周围人的身上，致人中毒，使这些人出现与喷药工人一样的抽搐症状。危险还会随着消费者的购买行为进入他们的家中。例如，在一小罐装有含 DDD 的防蛀剂的容器上会有用小号字体写的警告，说明该产品经高压填装，若受热或遇明火易发生爆炸。氯丹是一种在厨房中广泛使用的普通家用杀虫剂。但是，食品药品监督管理局的首席药物专家称，在喷过氯丹的房子里生活“非常危险”。其他一些家用杀虫剂甚至还包含毒性更强的狄氏剂。

现在的厨房用杀虫剂造型美观、使用方便。橱柜的隔板纸除了被涂成白色，还有与家具相搭配的彩色，而它们很可能双面都浸过杀虫剂；厂家还会提供帮助灭虫的宣传册；人们可以轻易将狄氏剂喷到够不着的橱柜角落和缝隙里，还有墙角以及踢脚线之内。

如若遭受蚊子、螨虫或其他害虫的侵扰，我们可以将各种乳液、乳霜和喷雾涂在衣服或皮肤上。尽管我们被警告过，这些产品能够溶于清漆、油漆、混合纤维，但我们却想当然地认为，它们无法穿透人类的皮肤。为了确保人们能够随时随地驱赶蚊虫，纽约一家专营店推出了一款袖珍喷雾器，可以放在钱包、沙滩拎包、高尔夫球包或渔具袋内随身携带。

我们会在地板上打一层蜡以灭杀所有可能出现的昆虫；我们会在衣柜和衣服的防尘罩中放上浸染过林丹的条式防蛀剂，或者把防蛀剂塞进衣柜抽屉，半年之内无须担心蛀虫问题。广告不会告知我们，林丹是一种危险的化学品。林丹电子喷雾装置的广告更不会提及自身的毒性，只会告诉消费者产品安全且没有异味。事实上，美国医学会认为林丹电子喷雾装置是一种非常危险的设备，并在他们的刊物上发起了抵制活动。

美国农业部在《家庭与园艺》中建议，民众可以使用DDT、狄氏剂、氯丹或其他杀虫剂处理衣物。农业部声称，若是衣服上喷洒了过量的药剂，导致白色沉淀物遗留，可以用刷子将其刷掉。但是农业部并没有说清楚在哪里刷,怎么刷。这导致人们白天与杀虫剂相依相伴,晚上还要盖着浸满狄氏剂的防蛀毛毯入眠。

当今的园艺业和高级毒药关系密切。几乎每一家五金店、园艺用品店和超市里都成排摆放着能够满足园艺工作需求的杀虫剂。那些没能充分利用杀虫剂的人貌似有些落伍,因为几乎所有报纸的园艺版面和大部分园艺杂志都将这些杀虫剂的使用视作理所当然。

更有甚者,那些容易使人猝死的有机磷类杀虫剂被广泛应用于草坪和观赏植物。1960年,佛罗里达州卫生委员会出台禁令,凡不符合规定、未获得许可者,一律不得在居民区内使用杀虫剂。在禁令实施之前,该州已出现多起对硫磷致死的事件。

然而,那些正在使用极具危险性的化学药剂的园艺爱好者和普通家庭用户并没有收到过类似的提醒。不仅如此,各种新型小器械层出不穷,使草坪或者花园的喷药更加便捷,从而增加了人与化学药剂接触的机会。比如,人们可以在花园的塑料软管外加装一个灌装设备,氯丹或狄氏剂等就能像洒水一样被喷洒到草坪上。这种装置不仅会对使用管子的人造成伤害,还会殃及他人。《纽约时报》认为,必须在其园艺专栏对上述行为进行警示,如果没有专门的保护装置,毒素会因为虹吸作用而反向进入供水系统。类似的喷药器械如此之多,而像《纽约时报》这样给出的警示又如此之少,我们还有必要对公共水源的污染感到迷惑不解吗?

为了清楚了解杀虫剂对园艺爱好者的危害,我们不妨看一看发生在一位内科医生身上的案例。这位医生是园艺的狂热爱好者,每周定期给自家的灌木丛和草坪喷洒DDT,后来升级为马拉硫磷。他有的时候使用手持喷雾器,有的时候采用水管外接装置。因此,喷药时他周身都湿漉漉的。如此持续了一年之后,他忽然抱恙住院。脂肪样本活体切片检测显示,其体内DDT残留的浓度为23ppm。主治医生认为,他的神经系统严重受损,且是永久性的。随着时间的推移,他变得羸弱不堪、肌肉无力,出现了马拉硫磷中毒的典型症状。因为症状持续加重,他恐怕再也无法回到工作岗位上了。

除了一度被认为无害的花园水管,割草机也被安装上了喷药设备。房主可以在割草的同时喷洒药剂杀虫。所以,除了燃油尾气潜在的危害,空气中还混杂着分布均匀的杀虫剂微型颗粒。郊区的居民们对于使用这种割草机没有丝毫犹疑,如此一来,他们土地上方空气的污染程度远超许多大城市。

然而,极少有人会谈及园艺工作或居家使用杀虫剂的危害。杀虫剂包装上使用说明的字号小得让人分辨不清,而且鲜有人会去阅读它们并按照要求执行。最近,一家公司做了相关调查,试图发现到底有多少人会阅读使用说明。结果显示,会看包装上警告标识的杀虫剂使用者的人数不到使用总人数的15%。[1]

[1] 现实中人们对使用杀虫剂的危害几乎到了麻木的地步。

现在住在郊区的居民倾向于不惜一切代价清除马唐草。拥有多袋专门清除马唐草的化学药物俨然成为社会地位高的象征。单从这些除草剂的品牌名称根本看不出其种类特征,要想知道里面到底含有氯丹还是狄氏剂,使用者必须在很不显眼的地方搜寻那些小号字体。五金店或园艺用品商店的产品说明书很少会涉及药剂处理和使用过程中的危害。恰恰相反的是,这些药剂的广告图片上展现了温馨幸福的景象:父亲和儿子满面笑容,正准备在草坪上喷洒药物;小孩儿们和狗则在草地上翻滚玩耍。

食品中的农药残留引起极大争议。生产厂家对此要么嗤之以鼻,要么矢口否认。与此同时,越来越多呼吁食品远离杀虫剂污染的人被扣上了“狂热分子”“邪教信徒”的帽子。在这纷繁复杂的争论中,真相究竟藏在何处?

医学已经证实,那些在DDT时代(1942)到来之前死亡的人的体内没有DDT及类似药剂的残留。正如本书第三章所提到的,1954—1956年提取的人体脂肪样本显示,DDT的浓度为5.3~7.4ppm。有数据表明,此后DDT的平均浓度上升到一个更高的数值,而那些因职业或其他特殊因素与杀虫剂接触较多的人体内的残留浓度则更高。

我们不妨假定,那些没有与杀虫剂直接接触的人体内脂肪中的DDT是通过食物摄入的。为验证这一假设,美国公共卫生署的科研团队对餐馆和公共机构的餐食进行了抽样调查,结果显示,所有食品样本中都含有DDT。调查者因此有理由相信,“完全不含DDT的食物几乎不存在”。

餐食中的DDT含量可能会非常高。在公共卫生署的一项独立研究中,对监狱饭食所做的检测分析显示,炖干果中DDT的浓度为69.6ppm,面包中DDT的浓度则高达100.9ppm。在普通家庭的饮食中,肉类和其他动物脂肪类食品中氯代烃的含量最高,因为氯代烃为脂溶性毒素。相较之下,水果和蔬菜的药物残留较少。这些药物残留基本无法用清水洗掉,唯一的办法是将生菜、卷心菜类蔬菜的外层叶子剥除,将水果削皮并将果皮或果壳一并丢掉。常规的烹饪方法根本无法去除农药残留。

食品药品监督管理局明令规定,牛奶等少数几种食品中禁止含有杀虫剂残留。但事实上,无论什么时候对其进行检测都会发现农药残留。黄油和其他乳制品的药物残留最多。1960年，检测人员对461种乳制品进行检测之后发现，1/3的受检样品中含有农药残留。基于此，食品药品监督管理局声称“情况极不乐观”。

如果想要找到不含DDT及相关化学物质的食品，那么人们只能前往偏远、原始、尚未受过文明社会便利设施影响的地方。这样的地方虽然罕见，但并不是没有——阿拉斯加的北极沿海地带。即便是在这种地方，污染的阴影也在日益迫近。科学家们检测发现，当地爱斯基摩人的膳食中不含杀虫剂。鲜鱼和干鱼体内以及取自海狸、白鲸、驯鹿、麋鹿、北极熊、海象的脂肪中均不含DDT；蔓越莓、美洲大树莓和野生波叶大黄也都没有受到污染。仅有的例外是来自波因特霍普的两只白色猫头鹰，它们体内含有少量DDT，应该是在某次迁徙的过程中摄入的。

对爱斯基摩人的脂肪抽样检测显示，他们体内也有非常少量的DDT残留（浓度为0~1.9ppm），个中原因十分明了。检测样本出自那些曾经离开家前往安克雷奇美国公共医疗服务医院做手术的人。现代文明的生活方式已在安克雷奇普及，医院供应的餐食中DDT的浓度与来自人口稠密的大城市的采样不相上下。在现代文明社会的短暂停留导致他们摄入了毒素。

农作物广泛施用化学药剂，导致我们的每一餐都含有一定量的氯代烃。如果农民能够严格遵照药物包装上的使用说明来施用农药，那么农药的残留一般情况下不会超出规定范围。我们暂且把官方规定的残留标准是否确实安全这个问题放在一边，人尽皆知的事实是，农民往往会过量使用农药，而且在临近收获的时候会再次喷药；明明用一种杀虫剂就能解决问题，他们却使用混合杀虫剂。这些都从侧面反映出人们根本就不看药剂使用说明的那些小字。

就连那些生产药剂的化工企业都意识到了杀虫剂被频繁滥用的情况，认为有必要对农民进行培训教育。最近，该行业内的一本重要期刊称："很多农民都不清楚，如果使用多于建议剂量的农药的话，那么农药就会突破环境所能承受的极限。杀虫剂对农作物造成的危害多数情况下是农民肆意妄为的结果。"

食品药品监督管理局的卷宗里有大量滥用农药的案例。其中一些案例对农民无视杀虫剂使用说明的描述非常形象：生菜到了收获期，一位农民在地里施用了 8 种不同的杀虫剂；一位运货商向芹菜喷洒了超过最大建议量 5 倍之多的对硫磷；虽然生菜被明令禁止含有农药残留，但菜农仍然喷洒了毒性最强的氯代烃类药剂异狄氏剂；在收获前一周，菜农在菠菜上喷洒了 DDT。

当然，不排除有一些偶然或意外遭受农药污染的情况。比如，轮船上装在麻袋中的大量咖啡生豆因与杀虫剂货物同船而遭到污染。仓库内密封的食物可能会被 DDT、林丹以及其他杀虫剂污染，因为杀虫剂悬浮颗粒会穿透包装材料，侵入食品之中。食物存放的时间越久，受污染的可能性就越大。

有人会问："难道政府不会保护我们免受其害吗？"答案是"力不从心"。食品药品监督管理局在保护民众免受杀虫剂的危害方面受到两个因素的制约：一是该局只对跨州交易的农作物拥有管辖权，对州内农作物的种植和销售无权过问；二是该局的人员编制严重不足，各部门总的人数不超过 600 人。该局的一位官员说，在现有设备的条件下，只有很少跨州交易的农作物能够得到抽查，抽查率不足 1%，完全不具备统计学意义。而州内农作物的种植和销售状况更加糟糕,因为大部分州在这方面的法律很不健全。

食品药品监督管理局制定的“污染最大容许度”管理体系存在明显的缺陷。从目前的情况来看,相关规定只是一纸空文,而且营造了一种安全限度已经被确定并执行良好的假象。至于允许食品中含有少量的药物残留(具体浓度根据药剂的不同而存在差异)引起大多数人的反对。他们基于大量有力的证据指出,食品中不含农药才是安全的,人类不需要任何毒素。食品药品监督管理局根据动物的药理检测结果确定了一个比实验中致使动物发病的剂量低得多的污染值,此为“污染最大容许度”。这个意欲保证食品安全的管理体系忽略了大量重要事实。动物实验是人为的,其摄入的杀虫剂是定量的,可是,人类不但接触了种类繁多的杀虫剂,而且大多接触是不可知、不可测、不可控的。假若一个人午餐沙拉中生菜的 DDT 残留浓度为 7ppm,那么在“污染最大容许度”范围之内。但是,他的午餐还有其他食物,或许每一样食物都带有“污染最大容许度”范围之内的农药残留。而且,食物中的杀虫剂只是人类能接触到的化学药剂的一小部分,算上人类从其他渠道摄入的化学药剂,这个剂量的叠加总值是无法测量的。因此,将某种药剂残留的“污染最大容许度”作为单一的议题来讨论没有任何实际意义。

该体系还存在其他缺陷。有些时候,某种农药残留的“污染最大容许度”是在食品药品监督管理局的科学家们做出最佳判断之前确定的(后文会提及相关案例);有些时候是在对相关化学药剂属性知识相对缺乏的前提下确定的。有了更准确的判断和信息之后,“污染最大容许度”的值会降低甚至为 0,但是,民众已经被迫与过量的药剂接触了数月甚至数年。食品药品监督管理局曾经规定过七氯的“污染最大容许度”,但后来又不了了之。一些化学药剂在没有进行野外试验的前提下就注册投用,所以检测人员很难发现其残留。这极大阻碍了“蔓越莓农药”——氨基噻唑残留的检测工作。人们对作为种子包衣的某些杀菌剂也缺少分析方法——这些种子如果在播种期间没有用完的话,很可能会成为餐桌上的食物。

然而,事实上,确定“污染最大容许度”本身就意味着供应给大众的食品中存在有毒化学品是被允许的,目的在于降低农民和加工企业的生产成本。但消费者却要为此缴纳税款,用以支持监察机构来保证自己不会摄入致死剂量的药剂。但是,鉴于当前化学药剂的大施用量和强大毒性,监管工作要做好的话就需要大笔资金,而任何立法者都没有这个胆量拨付巨额款项。其后果就是,倒霉的消费者即使缴纳了税费,摄入的毒素也丝毫未减。

这个问题如何解决呢?当务之急是废除氯代烃、有机磷和其他强毒化学药物的“污染最大容许度”。但这个建议立马就会遭人反对,因为他们认为这样会给农民增加负担。但是,如果能够将各种水果和蔬菜上的DDT残留控制在7ppm,将对硫磷控制在1ppm,将狄氏剂控制在0.1ppm,为什么不能再接再厉,将其彻底消除呢?其实,政府已经出台规定,禁止某些农作物中出现七氯、异狄氏剂或狄氏剂残留。如果上述规定可以实现的话,为什么不能将其推广到所有农作物上呢?

但这并不是最彻底或最终的解决方案,因为纸面上的零容忍意义不大。目前,如我们所知,99%以上的跨州食品运输都可以避开检查。因此,我们呼吁食品药品监督管理局提高警惕、积极进取,并扩充检验队伍。

这种故意在食物中下毒继而进行立法监管的社会体系,很容易让人想起刘易斯·卡罗尔的《爱丽丝漫游奇境》中的白衣骑士,他让人把自己的胡子染成绿色,然后用一把大的扇子把绿胡子遮住,这样就不会被人发现。最终的解决方案是尽量使用毒性较弱的化学药剂,这样就会降低滥用所造成的公众危害。这样的药剂目前已经被研发出来了,比如除虫菊酯、鱼藤酮、鱼尼丁以及其他植物萃取物。最近,除虫菊酯的人工合成替代品也被研发了出来。一些国家已经准备好提高相关天然产品的产量以满足市场需求。我们也迫切需要对民众开展培训教育,帮助其了解在售化学药剂的特性。因为一般消费者面对令人晕头转向的各种杀虫剂、除菌剂和除草剂时,往往不知道哪些具有致命毒性,哪些又相对安全。[2]

除了改用毒性较弱的化学药剂,我们还应当积极探索实施非化学手段的可能性。目前,加利福尼亚州正在尝试一种新手段,通过使用特定的细菌使某类昆虫感染疾病,从而达到防控目的。该手段的广泛实验正在进行中。除了这种手段,还有很多行之有效的防治手段不会在食物中留下毒素(见本书第十七章)。在这些新手段大规模推广之前,目前的状况仍旧让我们倍感压力,我们丝毫不能掉以轻心。从目前的情形来看,我们的处境比欧洲波吉亚家族的客人好不到哪里去。[3]

[2]“晕头转向”既表明化学药物种类之多,又说明人们缺乏辨别药物的相关知识。

[3]结尾照应标题,提醒人们要时刻提防各种杀虫剂、除菌剂和除草剂的致命毒性。

第十二章　人类的代价

化学药物自工业时代诞生以来便如狂潮般侵入了我们的环境，最严重的公共健康问题的本质也随之发生巨大变化。仿佛就在昨日，人类还在天花、霍乱和瘟疫的肆虐中惶恐不安；而现在，我们需要关心的问题不再是这些一度盛行的疫病和病毒，因为全新的卫生设备、良好的生活条件和新型药物可以让我们很好地掌控它们。我们需要担忧的是环境之中潜伏的另一种危害——它伴随着现代生活方式的发展被我们自己引入这个世界。

新的环境中的健康问题多种多样：有的是由各种辐射造成的，有的是由不断更新的化学药物（不仅限于杀虫剂）造成的。这些化学药物无孔不入，或单独或联合发挥效用，给人类造成直接或间接的危害。它们的出现给我们投下了一道无形而又隐蔽的阴影，令人胆寒。我们将终生暴露在这些不属于人类生理过程的物理、化学因素中，后果难以预测。

美国公共卫生署的戴维·普莱斯博士说："我们一直生活在恐惧之中，担心某些因素会毁坏我们生活的环境，从而使人类像恐龙一样难逃灭亡的厄运。……令人更加不安的是，可能在症状表现出来之前的二三十年，我们的命运便已经被判定。"

杀虫剂与环境性疾病的关系是怎样的？如我们所知，杀虫剂已经污染了土壤、水源和食物，它们使河中无鱼、花园和树林中无鸟，到处一片死寂。不管我们认可与否，人类都只是大自然的一个组成部分。在污染遍布世界各地的前提下，人类能够幸免于难吗？[1]

我们知道，只要剂量足够，接触者都会急性中毒。不过，这不是问题的关键所在。农民、喷药人员、飞行员和其他大量接触杀虫剂的人突然中毒甚至身亡，都是不应该发生的人间惨剧。从整个人类的角度来看，杀虫剂正在以不可见的方式污染着地球，我们关注的重点应该放在人类摄入杀虫剂之后所引发的潜在危害上。

负责公共卫生的官员指出，化学药物的生物效应会长期累积，对个人的伤害程度取决于其一生接触的化学药物的总量。正因为如此，由此所带来的危害很容易被人忽视。对于并不明确的未来才会发生的灾难，人们本能地耸耸肩膀，对此表示毫不关心。著名医学博士勒内·杜博斯说："出于本能，人类只会重视那些症状明显的疾病，然而最危险的敌人往往会乘虚而入。"

对我们每个人来讲，就像密歇根州的知更鸟事件或米拉米奇河里的鲑鱼事件一样，这是一个相互关联、彼此依赖的生态问题。我们毒杀河流中的石蛾，洄游鲑鱼会数量锐减。我们施药灭杀湖里的蚋蚊，毒素会通过食物链层层传递，最终导致生活在湖边的鸟类中毒。我们向美国榆树上喷药，次年就听不到知更鸟的鸣唱。虽然我们并没有直接向知更鸟喷洒药物，但毒素沿着"榆树叶—蚯蚓—知更鸟"的食物链层层传递。上述案例都有据可查，是发生在我们身边的活生生的例子，反映出的是科学家所说的生态生命之网或者说死亡之网。

人体内部也有一个生态世界。在这个肉眼不可见的世界里，微小的诱因可能会引发非常严重的后果。这些后果常常看似与诱因毫无关联，因诱因会出现在距离原发受伤区域

[1] 问得好，答案不言自明。

较远的某个身体部位。近期的一份医学研究报告总结道："某个身体部位的变化，甚至一个分子的改变，都可能影响整个系统，在看似不相关的器官和组织中引起病变。"倘若我们对人体的神奇功能加以关注就会发现，因果关系很少以简单、易见的方式呈现出来。因和果很可能在时间和空间上相去甚远。如果想要探明引发疾病和死亡的原因，需要将很多看似孤立、毫无联系的事实拼凑起来才会有所发现，而这需要建立在多领域的大量研究工作之上。

我们习惯于寻找那些明显的、直接的影响，而忽略其他。除非是那种突然出现而又无法让人忽视的明显危害，否则我们不会承认危害的存在。研究人员同样面临着难题，找不出测定原发损伤的切实办法，这也是医学界悬而未决的一大难题。

也许有人会抬杠："我也曾多次将狄氏剂喷洒在草坪上，但是，我并没有出现像世卫组织喷药人员那样的抽搐症状，所以，狄氏剂对我没有危害。"然而事情并非如此简单。尽管接触过这些化学药物的人没有出现突发的剧烈症状，但毒素还是会在他们的体内蓄积。如我们所知，氯代烃残留都是从最小的摄入量开始慢慢累积的。有毒物质积存在人体脂肪之中，一旦这些脂肪被消耗，其中的毒素就会被释放出来。新西兰一家医学杂志最近提供了一个案例。一位正在治疗肥胖症的男子突然出现中毒症状。经检查发现，他体内脂肪中积存的狄氏剂因在治疗的过程中被代谢而发生了转化。那些因生病而迅速消瘦的人也会面临同样的危险。

另外，毒素积存的后果可能会更加隐蔽。几年前，美国医学会的杂志就脂肪组织中积存的狄氏剂的危害向人们发出过警告，并指出，相较于那些可代谢的物质，脂肪组织中的积存性药物或者说化学物质更应该引起我们的注意。杂志还警告说,脂肪组织不单单具有储存脂肪的功效(脂肪占体重的18%),还有很多其他重要的功能,而累积的毒素会干扰这些功能。脂肪广泛分布于人体内的各个器官与组织中,甚至分布于细胞膜中。因此,我们要意识到,脂溶性的杀虫剂在细胞中积存会干扰氧化功能和能量供应机制。这个问题的重要性将在本书的第十三章进行讨论。

氯代烃类杀虫剂最值得注意的是其对肝脏的损伤。肝脏是所有人体器官中最独特的,其应用的广泛性和不可或缺性在人体器官中首屈一指。肝脏控制着许多重要的机体功能,即便是微小的损害也会引发很严重的后果。肝脏不仅能够分泌胆汁、消化脂肪,还因其所处的位置和聚集其上的特殊循环管道而能够直接获得来自消化道的血液,深度参与所有主要食物的代谢。它以糖原的形式储存糖分,并且精确地控制葡萄糖的释放量,从而使人体的血糖维持在正常水平。肝脏是重要的蛋白质合成场所,包括合成一些与凝血有关的血浆蛋白质,还能够将血液中的胆固醇维持在适当水平。一旦人体内的雄性激素和雌性激素超过正常水平,肝脏就会起到钝化作用。肝脏中还储存着多种维生素,其中一些维生素有利于肝脏自身功能的维持。

如果肝脏失去正常功能,人体就会失去防御能力,无法与侵入人体的毒素进行对抗。有些毒素是代谢过程中正常出现的副产品,肝脏通过去氮作用将其转化成无毒害物质。外来的毒素也可以通过肝脏进行无毒性转化。号称“零危害”的马拉硫磷和甲氧氯毒性较其他杀虫剂小,原因就是肝脏中的一种酶改变了它们的分子,从而使其危害性降低。用同样的方式,肝脏将我们接触的大部分有毒物质处理掉了。

现在，我们抵御外部入侵毒素和体内代谢毒素的防线已被削弱甚至瓦解。被杀虫剂损伤的肝脏不仅无法保护我们免受毒素的侵害，其自身的各种功能也开始出现紊乱。紊乱导致的后果不但影响深远，而且变化多端，缺乏短期表征，导致真正的原因很难被查明。

鉴于几乎所有的杀虫剂都会损伤肝脏，因此我们毫不意外地发现，自20世纪50年代开始，十几年过去了，肝炎患者数量急剧上升并持续增长。据说，肝硬化患者的数量也在不断增加。虽然在人类身上证明A是病症B的诱因比在实验动物身上验证要难得多，但常识告诉我们，肝病发病率飙升与环境中伤肝杀虫剂的盛行不无关系。姑且不论氯代烃类化合物是不是最主要的诱因，但将自己暴露在能够损伤肝脏且降低肝脏抗病能力的毒素之中显然不是明智之举。

尽管作用不尽相同，但是氯代烃和磷酸酯两种主要的杀虫剂都能够直接影响神经系统，这一点已被大量动物实验和人体观察所证实。DDT作为最早广泛应用的新型有机杀虫剂，主要影响人类的神经系统，而小脑和大脑的皮质运动区是两大主要受害区域。据标准毒理学教材显示，人体接触过量DDT之后会出现刺痛、灼烧、瘙痒甚至抽搐等异常反应。

我们首次认识到DDT的急性中毒症状是因为几名英国研究人员。他们为了研究DDT所引发的中毒后果，故意将自身暴露在DDT之中。[2]英国皇家海军生理学实验室的两位科学家与墙面上的水溶性油漆（DDT含量为2%，附在一层薄薄的油膜中）进行直接接触，通过皮肤吸收DDT。从他们对表现出的症状的细致描述中可以看出，DDT对神经系统的直接危害十分明显：“真切地感受到疲劳、沉重、四肢疼痛，精神状态极其糟糕……极度易怒……对任何工作都提不

[2] 为了验证毒性故意将自身暴露在毒素之中，这样的科研精神令人钦佩，但也让人无奈。

起兴致……连最简单的脑力工作也应付不了。关节还会时不时剧烈疼痛。”

另外一位实验者将含有DDT的丙酮溶液涂在了自己的皮肤上。他在报告中说，自己四肢疼痛，肌肉无力，并且出现了“神经紧张性痉挛”。他休假之后，身体状况有所好转，可一恢复工作病情就恶化。之后，他在床上休息了3个星期，饱受四肢疼痛、失眠、精神紧张和极度焦虑的折磨。有时候，他还会全身颤抖，一如我们常见的鸟类DDT中毒症状。这位实验者连续10周无法正常工作，直到当年底他的病例被一家医学杂志报道的时候，他还没有完全康复。

尽管证据确凿，但几名美国研究员还是将头疼和“每一根骨头都疼痛”的症状归结为“明显的心理作用”。

很多记录在册的症状和中毒过程都将矛头指向了杀虫剂。通常，这些患者都有杀虫剂的直接接触史，经过治疗，包括杜绝与生活环境中的任何杀虫剂进行接触，症状会有所缓解。但是，只要再次与类似的化学药物接触，病情就会加重。这一证据足以成为其他大量功能紊乱性病症的治疗依据，也足以警示我们，明知危害却任由杀虫剂在环境中肆虐是多么不明智。

为什么处理和使用杀虫剂的人并没有全部表现出同样的症状呢？这取决于每个人的敏感度。有证据显示，女性比男性更敏感，未成年人比成年人更敏感，长期待在室内的人比在户外工作或经常锻炼的人更敏感。除了这些之外，还有一些难以察觉和解释的区别。为什么有人对粉尘或花粉过敏，对某种药物过敏，更容易感染传染病，而其他人则不会？个中缘由一直是医学上的不解之谜。然而，这些问题切实存在，并且影响着大量人群。不少医生估计，其患者中有1/3

甚至更多的病人曾出现过敏症状,而且数量居高不下。不幸的是,之前不过敏的人可能后来会突然过敏。事实上,医护人员认为,间歇性接触化学药剂可能会导致突发性过敏。若情况属实,就可以解释为什么有些人因工作原因持续接触化学药剂却很少中毒了。因为频繁接触化学药剂已经让他们的身体产生了抗过敏能力,就和医生给过敏患者多次小剂量注射过敏原进行脱敏处理的道理一样。

与在严格控制下的实验环境中的动物不同,人类所面临的不单单是一种杀虫剂,因而杀虫剂中毒的问题异常复杂。不同类别的杀虫剂之间、杀虫剂和其他化学药剂之间都有可能发生相互作用,从而造成严重后果。这些毫不相关的化学药剂进入土壤、水源或人体血液后不会孤立存在。它们之间会发生神奇且看不见的变化,互相改变着对方的破坏力。

甚至我们通常认为功能完全不同的两种杀虫剂也会发生相互作用。如果人体接触过损害肝脏的氯代烃,那么有机磷酸酯(破坏保护神经的胆碱酯酶的元凶)的毒性会增强。当肝脏功能出现紊乱时,胆碱酯酶的含量就会低于正常水平,从而降低了对有机磷的抑制作用,引发急性中毒。如我们所知,成对的有机磷酸酯相互作用,会使自身的毒性增强百倍之多。有机磷酸酯还能和各种药物、人工合成物质、食品添加剂发生作用。而在当今世界,难以计数的人工合成物质大行其道,谁知道还有些什么呢?

一种可能无害的化学品在另一种化学品的作用下,性质可能发生巨大变化。最好的例子便是DDT的同源物甲氧氯。(实际上,甲氧氯并非人们所说的那么安全。最近的动物实验显示,它能够直接影响子宫,阻碍垂体激素的分泌。这也提醒我们,这些化学药剂具有强大的生物危害性。还有一些研究显示,甲氧氯可能会损伤肝脏。)如果单独使用甲氧氯,它不会在人体内积存,所以人们认为它是安全的化学药物,但这是一种谬论。如果肝脏受到其他化学物质的损害,那么甲氧氯在体内的积存速度将提高百倍,将与DDT一样对神经系统造成长期的影响。但是,导致这种后果的肝脏损伤可能比较轻微、不易察觉。许多常见情况也有可能造成肝损伤:使用另一种杀虫剂,使用含四氯化碳的清洗液,或服用所谓的镇静剂。大部分(并非所有)镇静剂属于氯代烃类化合物,都会对肝脏造成损伤。

对神经系统的损伤并不局限于急性中毒,还包括一些后遗症。媒体上早就有了关于甲氧氯等化学药剂可能对大脑和神经造成长期损害的报道。除急性中毒外,狄氏剂还会引发"记忆力减退、失眠、梦魇甚至狂躁"等长期后遗症。医学研究发现,林丹会在大脑和肝脏组织中大量积存,从而"对神经系统造成长期的严重后果"。然而,林丹这种形式的六氯化苯却被装进各种类型的喷雾器中,广泛应用于家庭、办公室和餐馆之中。

通常,我们认为有机磷酸酯只与急性中毒症状有关,但是它也会对神经组织造成持久性损伤。最近的研究发现,有机磷酸酯还会导致精神错乱。许多人在长时间使用此类杀虫剂之后出现了麻痹后遗症。大约在1930年,美国禁酒期间出现的怪病成为一种不祥的征兆。这种怪病并非由杀虫剂引起,而是由一种在化学属性上与有机磷酸酯同源的物质造成的。禁酒期间,人们会用某些药用物质代替烈酒,其中一种替代品为牙买加姜汁酒。然而,符合《美国药典》质量要求的牙买加姜汁酒价格昂贵,于是私酒制造商想办法制造了替代性的牙买加姜汁酒,甚至顺利通过了化学检测,成功骗过了政府部门的化学研究人员。为了让假的姜汁酒闻起来有真酒的强烈气味,制造商们在其中添加了一种叫作磷酸三甲苯酯的化学物质。这种药剂与对硫磷及其同类药剂一样,能够破坏胆碱酯酶。由于饮用了这种假的姜汁酒,约 1.5 万人的腿部肌肉出现肌肉麻痹,有些人甚至永久性跛行,这就是人们所知道的"姜汁酒中毒性瘫痪"病症。与这种病症一同出现的还有神经鞘损伤和脊髓前角细胞退化。

正如我们所见,约 20 年后(20 世纪 50 年代),种类繁多的有机磷杀虫剂开始投入使用。很快,"姜汁酒中毒性瘫痪"的病例开始涌现。一位德国温室工作人员在使用对硫磷杀虫剂之后,一开始出现了几次较轻微的中毒症状,几个月后便瘫痪了。之后,某化工厂的三名工作人员因接触有机磷杀虫剂突发急性中毒。经过治疗,三人都得以康复。然而,10 天之后,其中两人再次出现腿部肌肉无力的现象,其中一人甚至在 10 个月之后才痊愈。另一位年轻的女药剂师的症状则严重得多:双腿瘫痪,双手和双臂都有不同程度的损伤。两年后一家医学杂志对她进行采访时,她依然无法行走。

导致这些中毒事件的杀虫剂早已经被下架,但是现在仍在使用的一些杀虫剂也可能造成类似的危害。实验证明,深受园艺工人喜爱的马拉硫磷会使小鸡出现肌肉无力的症状,与"姜汁酒中毒性瘫痪"类似,也伴有神经鞘损伤和脊髓前角细胞退化的现象。

有机磷酸酯中毒患者虽然能够幸免于难,但他们的未来可能更让人担忧。考虑到此类药物会严重损伤神经系统,这些患者最终都将不可避免地患上精神类疾病。最近,两者之间的联系已经被墨尔本大学和墨尔本亨利王子医院的研究人员证实。他们共报告了 16 例精神病案例,所有病患都有有机磷杀虫剂的长期接触史：其中 3 人是检查农药喷洒效果的科学家，8 人在温室工作，5 人是农场工人。他们的症状包括记忆力减退、精神分裂和抑郁症。这 16 个人在被工作中接触的杀虫剂击垮之前，体检报告都很正常。

众所周知，各类医学文献中此类中毒的案例相当普遍，有的跟氯代烃有关，有的与有机磷酸酯有关。神志不清、臆想症、记忆力衰退、狂躁症——人类为了暂时灭杀一些昆虫，竟然付出了如此惨痛的代价！如果我们坚持使用那些直接损害神经系统的化学药物，必将付出更沉重的代价。

第十三章　透过一扇小窗

生物学家乔治·沃尔德曾这样形容自己研究的视网膜色素：这是一扇小窗，从远处透过窗户向外观望，只能看到一丝光亮。离窗户越近，视野就会越宽广。直到贴近窗户的时候，透过这扇小窗，人能够看到整个宇宙。

同理，我们可以将注意力聚焦在人体的单个细胞上，进而关注细胞之内的细微结构，最后落脚在这些细微结构中。唯有如此，我们才能够厘清随意将外界化学物质引入人体所造成的深远影响。医学研究最近才开始关注单个细胞在产生维持生命运转的能量的过程中的功能。人体奇特的能量产生机制不仅是健康的根本，也是生命的根本。其重要性甚至超过人体最关键的器官，因为如果没有顺畅、有效的产生能量的氧化作用，身体的各项机能就不能有效发挥作用。然而，用来消灭昆虫、啮齿类动物和杂草的众多化学药物都具有破坏能量生产机制、干扰其顺利运行的特性。

在生物学和生物化学领域，最引人瞩目的成就之一便是人们为了了解细胞的氧化作用所进行的研究工作。其中很多卓有贡献的研究者都获得了诺贝尔奖。整个研究基于前人的研究成果展开，前后历时25年，目前仍有很多细节亟待完善。直到最近10年，整个研究工作才变得相对完整，生物的氧化作用在生物化学领域成为一种常识。然而，一个更为严峻的现实是：1950年之前接受基本训练的医护人员鲜有机会了解氧化作用的重要性以及破坏这个过程可能产生的严重后果。

能量的产生并不是在某一特定器官中完成的，而是由人体各个细胞共同参与完成的。一个个活细胞就像一团团火焰，通过燃烧燃料产生机体所需要的能量。这个比喻虽然富有诗意，却不够精确，因为细胞完成“燃烧”所需要的温度只是人体的正常体温。然而，正是这数十亿的“小火苗”点燃了生命之源。化学家尤金·拉比诺维奇说，一旦这些“小火苗”停止燃烧，“心脏将会停止跳动；植物将无法克服重力的限制而向上生长；变形虫将不会游动；感觉将不会通过神经进行传递；人类大脑中将不会闪现智慧的火花”。

在细胞之内，物质转化为能量是一个源源不断的过程，属于自然界更新循环的一种，像一个永不停止的车轮。以葡萄糖形式存在的碳水化合物一点接一点、一个分子接一个分子地投入这只“车轮”。在循环的过程中，这些燃料分子经历了裂变和一系列精细的化学变化。这些化学变化逐步展开，有序进行，每一步都由一种专门的酶进行引导和控制，这些酶各司其职、各尽其责。每一步变化在产生能量的同时也会形成废弃物（二氧化碳和水），经过转化的燃料分子则被传输到下一阶段。在一次完整的循环之后，燃料分子经过多次分解，成为一种新物质，随时准备与进入循环的新分子进行组合，开始新一轮的循环。

细胞就像一座工厂，其中的氧化作用过程是生物界的一大奇迹。更让人感到不可思议的是，细胞发生作用所需要的空间都很微小。除了极个别特例，细胞的个头都很小，小到用显微镜才看得见。然而，氧化作用的大部分过程在另一个更加狭小的空间（细胞内的线粒体）内进行。虽然人们早在60年之前就发现了线粒体，但一直将其视作一种未知的、可能不太重要的细胞元素。直到20世纪50年代，线粒体研究才成为一个令人振奋的研究领域,成果丰硕。一时间,线粒体研究备受瞩目,短短 5 年内就有 1000 篇相关论文发表。

在揭开线粒体谜团的过程中,科学家们所表现出的非凡才智和顽强毅力令人叹服。试想,线粒体即便在显微镜下放大 300 倍都很难看得见,要怎样的技术才能使之与其他成分剥离,然后对其进行分析并最终确定其极为复杂的功能呢?这一切都在电子显微镜和生物化学家高超的技术之下得以实现。

如今我们已经知道,线粒体包裹着氧化过程所需要的各种酶,这些酶精确有序地排列在线粒体的细胞隔膜和膜间隙中。线粒体就像一间“能量动力室”,大多数产生能量的反应过程都在这里发生。燃料分子在细胞质中完成氧化作用的初步环节之后进入线粒体。最终,氧化作用在线粒体中完成,释放出巨大的能量。

如果产生不了能量,线粒体中为了氧化作用而不停运转的“车轮”就失去了意义。氧化作用各阶段产生的能量都在被生物化学家称作 ATP(三磷酸腺苷)的物质中,该物质是由 3 个磷酸基团构成的分子。ATP 之所以能够提供能量,是因为它能够将其中一个磷酸基团转换成其他物质,在此过程中,电子高速来回穿梭并释放出键能。而末梢磷酸基团在肌肉细胞中被传递到收缩肌之上,就产生了收缩能量。如此一来,循环得以永不停歇:一个 ATP 分子失去一组磷酸基团,剩下的两种生成 ADP(二磷酸腺苷)。随着氧化之轮继续转动,另外一组磷酸基团加入,于是 ATP 得以恢复。这与我们使用的蓄电池并无二致:ATP 代表充满电的电池,ADP 代表放完电的电池。

ATP 为从微生物到人类的所有生物体提供能量。它为肌肉细胞提供机械能，为神经细胞提供电能。ATP 还为精子细胞、受精卵（即将变为小蝌蚪、小鸟甚至婴儿）以及分泌激素的细胞提供能量。ATP 的少部分能量会在线粒体内部消耗，大部分则被第一时间输送到细胞中，为细胞活动提供能量。线粒体在细胞中的位置有利于确保能量被输送到最精确的地方，让细胞的功能得以充分实现。在肌肉细胞中，线粒体聚集在收缩纤维的周围；在神经细胞中，线粒体分布在细胞间的连接处；在精子细胞中，线粒体集中在精子的头尾连接处。

在氧化作用的过程中，ADP 和一组自由的磷酸基团结合生成 ATP，这种结合叫作偶联磷酸化作用。如果这一结合没有形成偶联（出现“解偶联”现象），那么可用的能量就无法生成。虽然细胞还会继续呼吸，却无法产生能量，细胞就会变成一台空转的发动机，只能产生热量而无法释放能量。如此一来，肌肉就无法收缩，神经系统的脉冲就无法传导，精子无法到达目的地，受精卵也无法完成复杂的分裂、分化过程。对于从胚胎到成人的各种生物体来说，解偶联会带来灾难性的后果，可能会导致组织甚至生物体死亡。

解偶联现象是如何发生的呢？辐射会导致解偶联，并且有人认为受到辐射的细胞就是因此而死亡的。不幸的是，许多化学药物也能阻止氧化过程中能量的产生，其中就包括杀虫剂和除草剂。如我们所知，苯酚能够强烈影响新陈代谢，造成体温急剧升高并最终致生物体死亡，其原因便是解偶联的“发动机空转”效应。被广泛用作除草剂的二硝基酚和五氯苯酚就是典型的苯酚化合物。另一种具有解偶联作用的化学物质是 2,4-D。在氯代烃类农药中，DDT 已被证实具有解偶联作用。随着研究的进一步深入，科学家们可能会发现其他氯代烃类化合物也具有同样的作用。

然而，解偶联并非熄灭人体数十亿细胞“小火焰”的唯一因素。前文提到，氧化作用的每一个阶段都是由一种特定的酶进行引导和催化的。任意一种酶被破坏或削弱，细胞内的氧化作用就会终止。不管哪种酶受到影响，结果都是一样的。氧化过程像旋转的车轮，如果我们向车轮的轮辐中插入一根撬棍，无论插到哪里，车轮都会停止转动。同样的道理，不管哪个阶段的酶受到破坏，氧化作用都会终止，也不会再有任何能量产生，其结果与解偶联非常相似。

大量常见的杀虫剂都能像撬棍阻碍车轮运转那样破坏氧化作用。研究发现，DDT、甲氧氯、马拉硫磷、硫代二苯胺以及各种二硝基化合物都能够抑制氧化作用循环过程中的一种或多种酶。这些杀虫剂会阻碍能量产生，导致细胞缺氧，并最终导致许多灾难性后果，本书在此选取少量例证进行说明。

我们在下一章会谈到，实验人员只需要抑制氧气供给，就能够将正常细胞转变为癌细胞。其他细胞缺氧造成的严重后果也会在动物胚胎的实验中发生。因为缺氧，组织的生长和器官的正常发育都会受到干扰，进而导致畸形和其他异常情况。据此我们可以推测，人类胚胎缺氧很可能导致先天性畸形。

尽管很少有人去探究深层次的原因，但是不少迹象显示，人们已经开始关注与此有关的日趋增多的不幸了。1961年，美国人口统计局发起了一项全国范围内的新生儿畸形情况调查，统计数据为先天性畸形与环境之间的关系提供了实据。毫无疑问，此项研究主要是针对辐射所造成的影响。但不容忽视的是，许多化学药物的危害一点儿不亚于辐射。人口统计局做出了可怕的预测：未来儿童的身体缺陷和畸形很可能由无处不在、渗透进人体的化学药物所致。

还有一些研究发现，生殖能力减弱很可能与生物氧化作用受干扰以及供应能量的 ATP 受损有关。在受精之前，卵子就需要大量 ATP 为下一阶段做好准备。一旦精子进入，卵子就需要消耗巨大的能量来完成受精。精子是否能够到达并穿透卵子，取决于自身的 ATP 能量供应，这些 ATP 都产生于精子细胞颈部高度密集的线粒体之中。一旦受精成功，细胞就开始分裂，而胚胎能否发育成形很大程度上取决于 ATP 供应的能量。胚胎学家在研究比较容易取样的青蛙和海胆的受精卵后发现，若 ATP 低于临界水平，卵子就会停止分裂并迅速死亡。

这些胚胎学家的研究结果与栖息在苹果树上的知更鸟也有关联。知更鸟的鸟窝里有几颗冷冰冰的蓝绿色鸟蛋，生命的“火苗”闪烁几天之后便熄灭了。在佛罗里达州一棵高大的松树顶部有一个由断枝垒成的巨大鸟窝，里面有 3 枚冷冰冰的白色大鸟蛋。为什么这些知更鸟和白头海雕无法破壳而出？这些鸟蛋是不是也跟受测的青蛙受精卵一样，因为缺乏提供能量的 ATP 而无法正常发育？是否成鸟体内或鸟蛋之内积存了一定量的杀虫剂，阻止了产生能量的氧化“车轮”的正常转动，从而造成 ATP 的匮乏？

至于鸟蛋中是否存在农药残留，对其进行检测明显比对哺乳动物的卵细胞进行检测要容易得多。不管是在实验室还是野外，但凡接触过 DDT 和其他氯化烃类化合物的鸟类，产下的鸟蛋中农药残留的浓度都很高。加利福尼亚州的实验检测发现，野鸡蛋中 DDT 的残留浓度最高达 349ppm。密歇根州中毒身亡的知更鸟腹中的鸟蛋里 DDT 的残留浓度为

200ppm；其他中毒身亡的知更鸟产在鸟巢中尚未孵化的蛋中也有 DDT 残留。因附近农场喷洒艾氏剂而中毒的母鸡，产下的鸡蛋中也有艾氏剂残留。在实验中，被喂过 DDT 的母鸡下的蛋中也被检测出了 65ppm 的残留。

既然我们已经知道 DDT 和其他（也许全部）氯代烃类化合物能够抑制某种酶的活性，阻碍能量的产生，或者使能量产生机制发生解偶联，那就很难想象含有大量农药残留的受精卵能够完成复杂的发育过程：无数次细胞分裂—逐渐发育成组织和器官—合成关键物质—最终形成新的生命。这个过程需要消耗巨大的能量，而这些能量全部由新陈代谢之轮转动产生的 ATP 线粒体提供。

我们有理由相信，鸟类并不是唯一的受害者，因为 ATP 是所有生物的能量来源。鸟儿、细菌、人类和老鼠的代谢循环都是以生产能量为共同目标的。因此，杀虫剂在胚胎细胞中积存的事实令人担忧，同样的问题、同样的结果也可能出现在人类身上。

有证据显示，这些化学毒素不仅出现在形成生殖细胞的组织里，还会残留在细胞里。实验用的野鸡、老鼠、豚鼠，榆树喷药地区的知更鸟，西部地区云杉食心虫防治区的鹿等鸟类和哺乳动物的生殖器官中都出现了杀虫剂残留。知更鸟睾丸中的 DDT 含量高于其体内任何其他部位。野鸡睾丸中也有大量 DDT 残留，浓度高达 1500ppm。

可能是因为生殖器官中存在高浓度农药残留，实验中的哺乳动物出现了睾丸萎缩的现象。接触过甲氧氯的幼鼠，睾丸会发育得很小。小公鸡被喂食 DDT 之后，成熟后的睾丸仅为正常大小的 18%，鸡冠和垂肉也只有正常大小的 1/3。

精子自身也可能因为缺少 ATP 而受到损害。实验证明，二硝基酚能够干扰水牛精子的偶联机制,造成能量损失,从而降低精子的活性。经深入调查,还有很多化学药物会对水牛的精子造成同样的影响。一些医学报告显示,DDT空中作业人员出现了患少精液症或精子数量减少的情况。

对人类而言,我们的遗传基因甚至比个体生命更宝贵,因为它是连接过去和未来的纽带。经过漫长的演变与进化,基因不仅造就了人类的现在,还掌控着人类吉凶莫测的未来。[1]然而,当今时代,我们正面临着人工产品导致基因衰退的威胁,“这也是对人类文明最终的、最严重的威胁”。

[1] 大量使用化学药剂,人类的未来凶多吉少。

毫不意外,化学药物再一次被拿来与辐射相提并论。

受到辐射的活体细胞会出现损伤:正常的分裂能力被破坏,导致染色体结构发生改变,携带遗传信息的遗传基因也随之发生突变,后代从而出现新的特征。如果细胞比较敏感的话,可能会立刻被杀死,或者多年之后变成恶性细胞。

辐射造成的各种后果已经被实验室里的大批放射或模拟放射物质所证实。多种杀虫剂、除草剂都能破坏染色体,会干扰正常的细胞分裂或造成基因突变。遗传物质受到损害会导致接触农药的个体罹患疾病,或者对其后代造成危害。

几十年之前,还没有人知道辐射和化学药物的这些危害。那时,原子裂变技术还未出现,用于模拟辐射的化学物质还没有被化学家从试管中提炼出来。到了1927年,得克萨斯大学的动物学教授赫尔曼·J.穆勒博士研究发现,动物被X射线照射后,其后代的基因会发生突变。穆勒教授的发现为科学界和医学界找到了一个全新的研究领域。后来,穆勒教授因此而荣获诺贝尔生理学或医学奖。不幸的是,没过几年,日本人就遭受了原子弹等爆炸形成的灰色烟尘之害。

现如今,辐射造成的潜在危害可谓人尽皆知。

尽管受到的关注不多,20世纪40年代早期,爱丁堡大学的夏洛特·奥尔巴赫与威廉·罗伯森就开展过与穆勒博士类似的研究。他们发现,芥子气(芥子毒气)造成的染色体异常与辐射的后果如出一辙。果蝇实验(穆勒早期曾用果蝇开展X射线研究)显示,芥子气也会引发基因突变。就这样,人类发现了第一种化学诱变剂。

如今,除了芥子气之外,人类发现了其他许多能够改变动植物遗传基因的化学物质。为了了解这些化学物质是如何改变遗传过程的,我们首先需要了解细胞的基本生命活动。

构成身体组织和器官的细胞必须有不断增殖的能力,才能保证生命的成长和延续。整个过程是由有丝分裂或核分裂完成的。一个即将分裂的细胞会发生一系列重要的变化:首先是细胞核内的变化,最终扩散到整个细胞。在细胞核内,染色体发生奇妙的移动和分裂,排列成固定的模型,把遗传基因传递给子细胞。起初,染色体呈长长的线状,基因如同一颗颗珠子串联其上。接着,染色体发生纵向分裂(基因随之分离)。细胞分成两半后,各有一半染色体进入子细胞。如此一来,每个子细胞将含有一整套承载着全部遗传信息的染色体。通过这种方式,物种的完整性得以保存和延续。

生殖细胞在形成的过程中会发生一种特别的细胞分裂。因为对于特定的物种来说,细胞内染色体的数量是恒定的。卵子和精子在结合成新个体时只能各自携带一半的染色体。在生殖细胞形成的分裂过程中,染色体能够精确制导,圆满完成这一任务。在这个过程中,染色体并不发生裂变,而是每对染色体分离出完整的一条进入子细胞。

所有生物在初始阶段的变化都是一样的。地球上所有的生命都要经历细胞分裂,无论是人类还是阿米巴虫,无论是高大的红杉还是微小的酵母菌。如若没有细胞分裂,所有生物都将无法存活。因此,任何阻碍细胞分裂的因素都会严重威胁生物自身及其后代。

乔治·辛普森和同事皮特迪里·蒂凡尼在其包罗万象的著作《生命:生物学导论》(1957)中说:“细胞组织的主要特征,包括细胞分裂在内,存在的时间肯定远超5亿年,也许将近10亿年。如此看来,地球上的生命既脆弱又复杂,拥有令人难以置信的持久性——甚至比山脉的生命都要持久。这种持久性完全依赖于遗传信息无比精确的代代传递。”

然而,在作者所设想的这10亿年间,这种“令人难以置信的持久性”从未遭受20世纪中期这样直接而剧烈的攻击。这些攻击来自人为辐射和泛滥的人造化学物质。澳大利亚著名医生、诺贝尔生理学或医学奖获得者麦克法兰·伯内特爵士认为,我们这个时代“最明显的医学特征之一,就是随着医疗手段的进步和诱变剂的发明,使人体器官免受诱变因素侵扰的天然屏障越来越频繁地遭到破坏。”

对人类染色体的研究尚处于起步阶段,关于环境对染色体造成的影响的研究也刚刚开始。直到1956年,新技术的出现才使得人类测定出人体细胞内染色体的数量为46条,并能观察到染色体及其碎片是否存在。当时,环境中的某些因素会造成基因损害尚是一个新概念,而且除了遗传学家之外,知者甚少,所以专家的意见并不为大众所广泛接受。现在,辐射所造成的危害已广为人知——尽管在某些领域这些危害仍被竭力否认。穆勒博士时常愤懑地说:“不单单是政府的一些决策者,甚至连很多医学界人士也都拒绝接受遗传学原理!”关于某些化学品和辐射会造成类似的后果这一点,公众以及众多资深医学专家、科学家都知之甚少。正因如此,许多化学品在普遍用途尚未测评时便投入使用,但是,测评是非常重要且不可或缺的。

麦克法兰爵士并非唯一一个对化学物质的潜在危害进行测评的人。英国权威专家皮特·亚历山大博士认为,比起辐射,类辐射的化学物质“危害性可能更大”。穆勒博士根据数十年的遗传学研究成果提出警告:“各种化学品(包括以杀虫剂为代表的农药)能够跟辐射一样增加基因突变的概率……在现代社会频繁接触异常化学品的环境中,人们却对基因可突变到何种程度所知甚少。”

人们之所以对化学诱变剂普遍忽视,很可能是因为这些化学品早期仅被用于科学研究。毕竟,氮芥并没有从空中洒向所有人,而是被掌握在实验生物学家或治疗癌症的医生手中。(最近,有报道称癌症病人接受氮芥治疗之后出现染色体损伤。)然而,大多数人仍然与杀虫剂和除草剂接触密切。

尽管该问题受到的关注不多,但是我们仍然能够从多起杀虫剂案例中收集到确切信息,证明它们破坏了细胞的重要机能,从轻微的染色体损伤到基因突变,最终导致细胞癌变的严重后果。

连续几代蚊子在与DDT接触之后,会繁衍出一种奇怪的雌雄同体生物——既是雄性的,又是雌性的。被苯酚处理过的植物,染色体遭到破坏,出现基因突变和“不可逆的遗传变化”。作为典型基因实验对象的果蝇在接触苯酚之后也会出现基因突变现象,导致其接触到一般的杀虫剂或聚氨酯之后就会死亡。尿烷属于氨基甲酸乙酯类化学物质,被越来越多地应用于制造杀虫剂和其他农药。事实上,有两种氨基甲酸乙酯类的化学物质之所以被用来防止储藏起来的土豆发芽，正是因为它们具有可以阻止细胞分裂的特性。另一种能够阻止植物发芽的化学品——马来酰肼，已被认定是一种强诱变剂。

被六氯化苯或林丹处理过的植物会长得奇形怪状，其根部会出现肿瘤一样的块状凸起。植物会发生肿胀变形，是因为其细胞内部的染色体数量已经翻倍。染色体倍增的状况会一直持续到细胞不再分裂为止。

除草剂 2,4–D 也会使被处理过的植物根部长出肿块。植物的染色体会变短、增厚并聚集在一起，严重阻碍细胞分裂。据说，2,4–D 的危害性和 X 射线的照射效果极为相似。

以上仅是小部分例证，还有更多事实可以援引。然而，直到现在也没有旨在检测杀虫剂诱变后果的综合研究，上述事例只是细胞生理学或遗传学研究的附带成果。目前，最迫切的事情便是要对该问题进行直接的研究。

一些科学家虽然承认环境辐射对人类的危害，却怀疑化学诱变剂是否具有相同的效应。他们承认辐射强大的穿透力，却对化学品会侵入生殖细胞持怀疑态度。这是因为在这个问题上我们缺乏对人类自身的直接研究。然而，在鸟类和哺乳动物生殖腺和生殖细胞内发现的大量 DDT 残留是一个强有力的证据，至少能够证明氯代烃类化合物不仅广泛分布在动物体内，还能接触到遗传物质。宾夕法尼亚州立大学的大卫 · E. 戴维斯教授最近发现，一种治疗癌症、能够阻止细胞分裂的强效化学药物会导致鸟类不孕不育。亚致死剂量的化学药物便能阻止生殖腺内的细胞分裂。戴维斯教授的数次野外实验已经取得了一些成果，显然，我们没有任何理由盲信生物的生命腺不会受到环境中各种化学品的危害。

最近关于染色体异常的医学发现意义重大。1959年，英法两国的几个研究团队发现，他们各自的独立研究指向一个共同的结论：人类身体的某些疾病是由染色体数量异常引起的。这些团队对某些疾病和异常所进行的调研证实，患者染色体的数量均异于正常值。通常所说的唐氏综合征患者，染色体数量比正常人多出一条。有时，多出的这条染色体会附着在另一条染色体之上，因而染色体的数量还是46条。但通常，多余的这条染色体会独立存在，染色体总数变成47条。这类疾病的病因应当追溯至上一代。

英、美两国的慢性白血病患者身上出现了一种异常机制。他们的血细胞中出现了染色体异常的情况：部分染色体缺失。但是，这些患者皮肤细胞内的染色体是正常的。这就说明，染色体缺失的情况并非出现在最初的生殖细胞之中，而是出现在人体的某些特定细胞（该案例中是血细胞）中。部分染色体缺失可能导致这些细胞无法发出正常的“指令”。

自从这一研究领域受到广泛关注，染色体异常导致身体出现缺陷的谜团便被逐步解开，很多已经超出了医学研究的范畴。比如，人们已知的克氏综合征与性染色体的复制有关。患者为男性，因携带了两条X染色体（正常男子的性染色体为XY，患者的性染色体变为XXY）而染色体异常，出现不孕不育、身高过高和智力缺陷等问题。与之相反的是，只接受了一条性染色体（变成XO，而不是正常的XX或XY）的患者，虽然本质上是女性，但会缺少诸多女性的第二性征，并且伴有生理缺陷，甚至会出现智力缺陷，原因便是X染色体携带着多种特征的基因。这在医学上被称为特纳氏综合征。在具体病因被揭晓之前，医学文献中早就有过对这两种病症的描述。

很多国家的研究者在染色体异常这一领域已经开展了

大量工作。威斯康星大学的克劳斯·帕图博士带领的团队始终专注于研究智力发育迟缓等各种先天性畸形病症。这些病症可能是染色体不完全复制造成的,似乎是在某个生殖细胞形成的过程中出现了染色体破裂,破裂的碎片部分没有能够进行有序的重新排列。这种异常往往会影响胚胎的正常发育。

现有的科学知识表明,一条完全多余的完整染色体通常是致命的,因为其会影响胚胎的存活。目前已知有三种情况可以使胚胎侥幸存活下来,其中一种便是唐氏综合征。多余的染色体虽然会引发严重的基因损伤,但不一定会致命。威斯康星大学的研究团队认为,这可以对大部分迄今原因不明的儿童先天多发性畸形(包括智力障碍)做出解释。

这是一个全新的研究领域,目前科学家们研究的重点是染色体异常与疾病和缺陷之间的关系,并没有去探究导致染色体异常的深层原因。如果我们认为只是某一种物质造成细胞分裂过程中染色体的破坏或异常,未免太过草率。人类向自己居住的环境中投放了大量能够直接破坏染色体、引发上述病症的化学药物,我们能够对这样的事实视若无睹吗?为了不发芽的土豆或者没有蚊子的小院,这么做的代价未免也太大了!

只要我们愿意,这种对遗传基因的威胁便一定能够消除。我们的遗传基因是原生质历经20亿年的进化与选择才形成的,不仅仅属于我们自己,还属于我们的子孙后代。当下,我们为保护遗传基因的完整性而付出的努力太少。虽然法律规定化学药物制造商必须检测产品的毒性,却并没有要求他们测试产品对遗传基因可能造成的影响,他们自然也不会自找麻烦去做这件事情。[2]

[2] 本章聚焦化学药物对人体细胞的侵害,进而指出其对遗传基因的威胁,而这种威胁远没有引起人们的足够重视。

第十四章 四分之一的概率

生物与癌症的抗争由来已久。因时间久远，癌症的源头早已无迹可寻。但是，它必定是发端于自然环境之中，受到太阳、风暴、古老地球或好或坏的影响。自然环境会引发一些灾难，生物要么适应这种环境，要么走向灭亡。阳光中的紫外线辐射、来自某些岩石的辐射以及被土壤或岩石中冲刷出的砷所污染的食物和水源，都能够诱发某些疾病。

早在生命诞生之前，这些危险就已经存在于环境之中。纵然如此，生命还是照样出现，历经数百万年的发展而形成数量众多、种类丰富的物种。在自然界漫长而缓慢的发展进程中，优胜劣汰，生命和自然界的各种毁灭力量最终互相适应。存在于自然界中的致癌物现在仍然是导致病变的诱因，但数量极少，而且生命从初始阶段就已经对其产生了适应性。

这种状况随着人类的出现而有所转变：与其他生物相比，人类能够制造出致癌物质。早在几百年前，人类便已经制造出了致癌物，而含有芳香烃的烟尘便是其中之一。随着工业时代的来临，整个世界处于一种持续发展的进程之中，各种新的物质具有诱发生物病变的强大威力。人类对于自己制造的致癌物并没有什么防护措施。由于人类的生物机能演进过程极其缓慢，因而需要很长时间来适应新的环境。人类自身脆弱的防线在这些强大的物质面前不堪一击。

癌症存在的历史很长，但我们对致癌诱因的认知却相当迟滞。约两个世纪之前，伦敦的一位医生首次发现外部或者说环境因素会使人体发生癌变。1775 年，珀西瓦尔 · 波特爵士宣布，烟囱清洁工群体中高发的阴囊癌是其体内蓄积的烟尘所致。当时的医疗条件还无法让他提供现在所要求的“证据”，但现代技术已经将致癌物质从烟尘中分离出来，验证了波特爵士的论断。

距离波特爵士发声一个多世纪之后，人类依然没有意识到，反复皮肤接触、吸入或吞食某些化学物质能够致癌。但是，有人已经注意到，在康沃尔与威尔士的冶铜厂、铸锡厂中工作的人易患皮肤癌，因其长期与含砷的烟雾进行接触。也有人注意到，德国萨克森州的钴矿工人和波西米亚约阿希姆斯塔尔的铀矿工人易患一种肺病，后来被确认是癌症。上述案例发生在前工业革命时代，如今，工业大规模发展，这些物质已经侵入所有生物的生存环境之中。

在 19 世纪的最后 25 年里，人们开始意识到恶性病变和工业时代的关联。当时，巴斯德正竭尽全力证明很多传染病的病源是微生物。而为了探索癌症的化学成因，另一些科学家正在研究萨克森州新兴的褐煤工人与苏格兰的页岩工人罹患皮肤癌的原因，以及因工作接触焦油和沥青导致的其他癌症。据悉，19 世纪末期人类已经发现了 6 种致癌物；到了 20 世纪，人类却创造出数不胜数的致癌化学物，且都会与人类密切接触。波特爵士做出论断后不到两个世纪，环境的变化已是天翻地覆。危险化学品不再是只与特定职业的人群接触，而是进入了每个人的生存环境之中，甚至连未出生的婴儿都未能幸免。因此，如今恶性疾病集中暴发也就没什么好大惊小怪的了。

实际上，恶性疾病发病率的增长并非人类的主观臆测。美国人口统计局 1959 年 7 月的月度报告显示，1958 年，恶性病变（包括淋巴和造血组织的恶性病变）造成的死亡人数占1958年死亡总人数的15%，而这一数字在1900年时仅为4%。[1]美国癌症协会根据现有的发病率推算，现有人口中将有4500万人最终患上癌症，也就意味着将有2/3的美国家庭遭受癌症的困扰。

[1] 数据可以直观地反映出人类面临的严峻形势，使作者的论断真实可信。

儿童的情况更不乐观。25年前，儿童罹患癌症的概率非常低。而如今，死于癌症的美国学龄儿童多于因其他疾病去世的。形势如此严峻，波士顿率先建成专门的面向儿童肿瘤患者的医院。在1~14岁年龄段死亡儿童中有12%为癌症所致。临床发现，大量年龄未满5岁的儿童为恶性肿瘤患者，更残酷的是，其中有不少新生儿，有的甚至未出生已经携带了致癌基因。环境致癌研究的顶尖权威、美国国家癌症研究所的W.C.休珀博士指出，先天性癌症和婴儿患癌可能与母体在怀孕期间接触致癌物质有关。这些致癌物质在进入胎盘之后破坏快速发育的胚胎组织。动物实验显示，接触致癌物质的动物年龄越小，潜在患癌的概率越大。佛罗里达大学的弗朗西斯·雷博士告诫人们："食品化学添加剂很可能会使儿童患上癌症……我们目前无法预知，它们在四五十年之后会造成什么样的后果。"

人类需要关心的问题是，我们用来控制自然的化学物质是否直接或间接导致癌症的发生。根据动物实验得出的结论，有五六种杀虫剂确定被列入致癌的名单。如果算上许多医生认定的会引发白血病的物质，这个名单还会更长。由于无法对人体进行实验，这些证据只能算是间接证据，但即使是这样，结果已然相当惊人。要是再算上那些能够破坏机体组织或活性细胞的可能间接致癌的物质，这份名单里还会有更多的杀虫剂名字。

长期、持续使用含砷杀虫剂,雷切斯坦和科尔多瓦的悲剧很容易再次上演。美国的烟草种植园、西北部的果园和东部的蓝莓种植园中,含砷杀虫剂的使用频率很高,同样可能造成水源污染。砷污染的环境不仅会对人类造成危害,还会影响动物。1936 年德国发布的一份报告引起了极大关注。在萨克森州的弗莱堡市,银、铅熔炉中喷出大量含砷的烟尘,飘向周围的村庄,落到植被上。休珀博士在书中描述说,以这些植物为主要饲料的马、牛、猪都出现了毛发脱落、皮质增厚的症状。而生活在附近森林中的鹿时不时会出现异常色斑和癌前疣,其中有一头鹿已经确认患癌。凡是受到影响的家畜和野生动物无一例外都出现了"砷引发的肠炎、胃溃疡和肝硬化症状"。圈养在冶炼厂附近的羊群之中暴发了鼻窦癌。羊死之后,我们可以在其大脑、肝和肿瘤中检测到砷的残留。该地区昆虫大量死亡,损失最惨重的当属蜜蜂。降雨还将含砷的粉尘带入小溪和池塘之中,大量鱼儿因此而丧命。

另一种致癌物是种新型有机杀虫剂,被广泛用于灭杀螨虫和蜱虫。这种杀虫剂的使用情况充分说明,尽管有保护民众权益的相关法律条文存在,但其滞后性往往使得民众在政府采取行动之前就暴露在致癌物之下长达数年。此事值得关注的地方在于,公众今天被告知所谓的"安全"的东西,很可能明天就会变得非常危险。

1955 年,某杀虫剂投产使用时,生产商为其申请了"容留许可",允许喷药农作物存在微量残留。生产商遵照法律规定在动物身上进行了毒性测试并将实验结果提交上去。然而,美国食品药品监督管理局认为,实验结果表明该杀虫剂有致癌的风险,因此,管理局的行政官员建议对该药物施行“零容忍”,也就是说,跨州食品贸易中不允许该杀虫剂残留的存在。但是,生产商依法上诉,诉讼被提交到专门委员会进行决断。委员会给出了一个折中方案:允许有不大于1ppm的杀虫剂残留,暂定销售时效为两年;其间,检测将继续进行,以确定该杀虫剂是否应该被列入致癌物清单。

委员会这一决定虽然没有言明,但这其实就是把人类与动物实验中的狗和老鼠等同视之。但是,动物实验很快就得出了结论,人们仅用两年时间就证明了该杀虫剂确实致癌。然而,美国食品药品监督管理局在当年(1957)并没有立即撤销该致癌物的“容留许可”,任由其在食品贸易中大行其道。各种烦琐的司法程序耗时一年时间,直到1958年12月,管理局行政官员建议的“零容忍”才得以推行。

含有致癌物质的杀虫剂绝不止这一种。动物实验的结果表明,DDT可能会引发肝癌。美国食品药品监督管理局的科学家虽然尚不清楚这些已发现的肿瘤的类属,但是建议将其归为“低分化肝细胞癌”。现在,休珀博士已明确将DDT定义为“化学致癌物”。

属于氨基甲酸酯类除草剂的IPC和CIPC已被证实可以在老鼠身上诱发皮肤肿瘤,其中一些还是恶性的。这两种除草剂首先引发恶性病变,然后在环境中各种化学物质的共同作用下引发严重后果。

除草剂氨基三唑能够使实验动物罹患甲状腺癌。1959年,一些蔓越莓种植户误洒该除草剂,导致上市销售的蔓越莓带有农药残留。食品药品监督管理局没收了这批遭受污染的蔓越莓,之后却引起广泛争议,包括很多医学家在内的人对其致癌性深表怀疑。食品药品监督管理局只能发布实验结果——氨基三唑对老鼠有致癌作用。实验用的老鼠喝了氨基三唑浓度为100ppm的水之后,在第68周长出了甲状腺肿瘤。两年之后,半数以上的受测老鼠都长出了肿瘤,有的肿瘤为良性,有的为恶性。即使氨基三唑浓度降低,肿瘤依然会出现。实际上,任何剂量的氨基三唑都会使老鼠长出肿瘤。当然,究竟多大剂量的氨基三唑会使人类患癌,目前还未有定论。但是,哈佛大学医学教授大卫·鲁茨坦博士指出,任何剂量的氨基三唑都会对人体造成伤害。

目前看来,要全面揭示新型氯代烃杀虫剂和现代除草剂所带来的后果尚需时日。由于大多数恶性病变发展的速度相当缓慢,临床症状的出现往往需要很长一段时间。20世纪20年代早期,给钟表的表盘涂发光数字的女工有时会不小心用刷子触碰自己的嘴唇,因而摄入小剂量的镭。在这之后的15年甚至更久,有的女工患上了骨癌。我们已经证实,因工作中接触化学致癌物而导致的癌症潜伏期多为15~30年,有的潜伏期还要更长。

工人在工作中接触致癌物已经经历了漫长的时间,而军用DDT始于1942年,民用DDT始于1945年前后,各种化学杀虫剂广泛使用则是在20世纪50年代初期。所以,这些化学杀虫剂会导致的恶果目前还没有完全显现。

大部分恶性病变的潜伏期较长,而白血病却是个例外。广岛原子弹爆炸中的幸存者在3年之后陆续患上白血病,据此,我们有理由相信白血病的潜伏期很可能相对较短。未来可能我们会发现其他潜伏期比较短的癌症,但目前看来,恶性病变普遍发展比较缓慢,白血病似乎是唯一的例外。

白血病的发病率随着现代杀虫剂的推广而逐渐攀升。美国人口统计局的数据明确显示,造血组织恶性病变的人数正急剧上升。1960年,仅白血病造成的死亡人数就高达

12290 人。死于各类血液和淋巴恶性肿瘤的人数从 1950 年的 16690 人激增到 1960 年的 25400 人。按照每 10 万人口的死亡率来算,这一数值从 1950 年的 11.1 上升到 1960 年的 14.1。这种情况并非美国独有,其他国家登记的各年龄段白血病的死亡人数平均以每年 4%~5% 的速度递增。这一情况意味着什么?人类日益频繁接触的具有致命危害的化学品又有哪些?

梅奥医疗中心等世界著名医疗机构已经确诊的死于造血器官疾病的患者有数百人。该医院血液科的马尔科姆·哈格雷夫斯博士及其同事报告说,这些患者无一例外都接触过含有 DDT、氯丹、苯、林丹或石油蒸馏液的各种喷雾剂。

哈格雷夫斯博士认为,各种有毒物质的使用导致环境性疾病患者数量急剧攀升,"最近 10 年,情况格外严重"。他根据自己丰富的临床经验断言:"大部分存在血质不调的人或淋巴病患者都曾长期接触各类含烃化合物,而当今大部分杀虫剂都属于此类。只要仔细研究患者的病历,我们就会发现这种关联十分明显。"现在,哈格雷夫斯博士手上掌握着大量经他诊治的患者的详细病历,涉及病症包括白血病、再生障碍性贫血、霍奇金病以及其他血液和造血组织紊乱的疾病。他说:"这些患者都曾经大量接触过致癌物质。"

我们能从这些病历中得到什么启发呢?以其中一位厌恶蜘蛛的妇女为例,8 月中旬,她拿着含有 DDT 和石油蒸馏液的喷雾剂,在地下室喷了一次药,把楼梯下、水果柜内、天花板和椽子上的缝隙、角落喷了个遍。喷药之后她就开始感到恶心、烦躁、精神极度紧张,几天之后才有所好转。然而,她并没有意识到自己出现不适的原因。9 月份,她又开始向地下室喷药。在历经两次喷药—生病—短暂恢复—再次喷药的循环之后,她在第三次喷药时出现了发烧、关节疼痛、全身不适等新的症状,甚至还有一条腿患上了急性静脉炎。哈格雷夫斯博士对这位女士进行检查之后,发现她患上了白血病。次月,这名妇女身亡。

哈格雷夫斯博士的另一位患者是办公室职员,其办公地点位于一栋时常有蟑螂出没的破旧大楼内。某个周末,这名决定亲自动手灭杀蟑螂的患者用了将近一天的时间,把地下室包括各个犄角旮旯都喷上了药,药剂是DDT浓度为25%的甲基萘溶液。喷药之后不久,他身上开始出现淤青和皮下出血。当他到达医院的时候,身上已经有多处出血点。血液分析显示,他罹患严重的骨髓造血功能衰竭性疾病——再生障碍性贫血。在接下来的5个多月,他接受了59次人工输血以及其他辅助性治疗,身体得以部分康复。但是,大约9年之后,他还是患上了致命的白血病。

在与杀虫剂有关的病例中,出现频率最高的化学品有DDT、林丹、六氯联苯、硝基酚、对二氯苯和氯丹(防蛀剂),以及含有这些化学品的溶剂。正如哈格雷夫斯博士所强调的,只接触一种化学品的情况并不多见,仅有少数个例。市面在售的杀虫剂通常含有多种化学品,溶解在石油蒸馏液和分散剂之中。含有芳香烃和不饱和烃的溶剂本身就可能对人体的造血器官造成严重损害。然而,若非医学分析需要,区分杀虫剂和溶剂本身并没有太大意义,因为这些石油溶剂在杀虫剂的喷洒过程中不可或缺。

美国与其他国家的医学文献中记载的大量病例能够证明哈格雷夫斯博士的观点,即化学药物与白血病及其他血液疾病之间存在因果关系。这些病例的患者是来自各行各业的普通人:被自家喷药设备或飞机喷洒到药物的农民;给房间喷雾灭蚁之后仍待在室内学习的大学生；家中安装了可移动式林丹喷雾器的妇女；在喷洒过氯丹和毒杀芬的棉花田里干活的工人等。专业严谨的医学术语背后隐藏了这样的悲惨故事。曾经，捷克斯洛伐克（未解体前）的两位表兄弟在同一个城镇生活，经常在一起工作、玩耍。他们生前的最后一份工作是在一家农场搬卸袋装的杀虫剂（六氯联苯）。其中一个男孩在8个月之后罹患急性白血病，9天之后便一命呜呼。这时，他的表弟开始出现容易疲劳、发烧的症状，不到3个月病情便急转直下。被送到医院之后，他被诊断为急性白血病并最终去世。

另外一位瑞典农民的情况令人联想到日本金枪鱼捕捞船福龙号的船员久保山爱吉。（1954年3月1日，美国在比基尼环礁外的公海上试爆氢弹。试验的放射性微尘令在附近捕鱼的日本船员感染了急性放射综合症。9月23日，船员久保山爱吉不治身亡。）同以捕鱼为生的久保山爱吉一样，这位以种地为生的农民原本身体健康。但是，两个人同样死于天空中飘来的有毒物质：一种是化学粉尘，一种是放射性微尘。农民在大约60英亩的土地上喷洒了含有DDT和六氯联苯的粉剂。正当他喷药的时候，一阵微风吹起药剂并将他笼罩起来。隆德医疗中心的记录显示："当天晚上，他感到筋疲力尽。随后几天，他变得虚弱不堪，而且总是感到背疼、腿疼、浑身发冷，只能卧床休息。他的病情每况愈下，一周后的5月19日，他申请住进了当地医院。"患者由于体温过高、血细胞水平异常，被转送到隆德医疗中心进行救治，两个半月之后死亡。尸检报告显示，他的骨髓已完全萎缩。

细胞分裂本是一个正常而必要的过程，这个过程是如何被改变，使细胞变异并产生巨大危害性的呢？科学家们对这个问题格外关注，并为之投入大量资金。细胞内部究竟发生了什么样的变化，才使得细胞有序分裂被打乱并变成肆意扩散的癌细胞呢？

可以肯定的是，这个问题的答案多种多样。由于癌症的病源、发病进程、肿瘤生长和退化的控制因素各不相同，致病的原因也各不相同。但是，藏在众多表象之下的，是癌症可能不过就是几种细胞受到基础损伤而已。世界各地都在对此进行广泛的科学研究，其中一些甚至并非在癌症研究的框架之下。透过这些零散的研究我们能够看到攻克这一难题的曙光。

我们再一次发现，只有研究细胞和染色体这些最小的生命单位，才能够拨开层层迷雾，获得更为广阔的视野。我们必须进入这个微观世界，找到改变细胞神奇的运转机制、使其变得异常的因素。

德国马克斯·普朗克细胞生理学研究所的生化学家奥托·沃伯格教授提出的癌细胞起源理论格外深入人心。沃伯格教授将毕生精力都放在细胞内部氧化过程的研究之中，凭借自身丰厚的知识储备，对细胞癌变做出了生动、清晰的解释。

沃伯格认为，辐射或化学致癌物会破坏细胞的正常呼吸，导致细胞失去能量。反复接触少量的辐射或化学致癌物会造成同样的后果，而且这种后果一旦形成，细胞便无法修复。但是，侥幸存活的细胞会竭尽全力去补充失去的能量，如此一来，它们便无法通过神奇而高效的循环方式产生大量ATP，只能转向原始的低效发酵模式来产生能量。靠发酵产生能量来维持生存的状态会持续很长一段时间，之后的细胞分裂会沿用此种异常的呼吸方式。一旦细胞失去了正常的呼吸能力，1年、10年甚至数十年都难以恢复，甚至永远都不会恢复。幸存的细胞通过逐渐加强发酵作用来恢复失去的能量。这是一种适者生存的竞争，只有适应能力最强的细胞才能活下来。最后，细胞内的呼吸作用完全被发酵作用取代，以此来提供能量。而此时，正常细胞已经彻底癌变。

沃伯格的理论解释了一些令人费解的现象。大多数癌症的潜伏期很长，是因为细胞在呼吸作用首次受损之后需要通过无数次的细胞分裂来增强发酵作用。发酵作用因物种不同，速度也不一样，因而所耗费的时间也不同。若是发生在老鼠身上，需要的时间短，癌症发病很快；发生在人类身上，需要的时间长，可能需要几十年，癌症发病的时间相当缓慢。

沃伯格的理论也解释了为什么比起一次性大剂量接触致癌物质，反复小剂量的接触更加危险。因为一次性大剂量接触致癌物质会将细胞直接杀死。如果接触的剂量较小，一些细胞虽然功能受到破坏，但是仍然可以活下去，进而发展成为癌细胞。这就是致癌物质不存在“安全”剂量的原因。

沃伯格的理论还能解释另外一种难以理解的现象——为什么同一种元素既能治疗癌症又能引发癌症？众所周知，辐射便是如此，目前用于治疗癌症的很多药物也是如此。出现这种现象的原因何在？其实，辐射也好，治疗癌症的药物也罢，它们都能够破坏细胞的呼吸。癌细胞的呼吸作用已经受损，如果继续受到破坏，癌细胞就会死亡。而如果呼吸首次受损的细胞侥幸没死，最终反而会走上癌变的道路。

1953年，沃伯格的理论被证实。一些研究人员通过长期、间断性抑制细胞供氧，使正常细胞变成癌细胞。该理论在1961年被再次证实。这次的研究对象是活体动物而非人工培育的细胞组织。研究人员在罹患癌症的老鼠体内注入放射性追踪剂,通过认真的检测,发现老鼠细胞的发酵作用远超正常水平,该结果与沃伯格的预测相吻合。

根据沃伯格设定的标准,很多杀虫剂都会致癌。正如我们在前一章提到的,很多氯代烃、苯酚和某些除草剂都会破坏细胞的氧化机制和能量生产,从而诱生很难被检测到的休眠癌细胞。这些细胞中潜藏着不可逆转的恶性病变。直到很久之后的某一天,当我们将病因彻底遗忘、不会怀疑的时候,休眠细胞会突然活跃起来变成癌细胞。

通往癌症的另一个途径可能是染色体。该领域很多声名显赫的专家对凡是会损害染色体、干扰细胞分裂或引起突变的物质都持怀疑态度。在他们看来,任何突变都可能诱发癌症。虽然突变理论涉及的可能是影响后代的生殖细胞,但事实上,突变也可能发生在人体其他细胞之中。根据解释癌症起源的突变理论,细胞在受到辐射或接触有毒化学物质后发生突变,继而摆脱身体机能的控制,进行肆意且毫无规律的分裂增殖,假以时日便累积成癌症。另外一些研究者指出,癌细胞中的染色体很不稳定,很容易断裂或受到损伤,出现数量异常的情况,甚至可能出现两套染色体。

最早发现染色体异变与恶性病变之间关联的是纽约斯隆-凯特琳研究所的艾伯特·莱文和约翰·J. 波塞尔。对于染色体异变与恶性病变孰先孰后的问题,二人不约而同地认为,“染色体异变早于恶性病变”。他们推测出,过程可能是染色体最初遭到破坏,出现不稳定的情况,在其后的很长一段时间内,一代代新生细胞进行试验和试误(即恶性病变的漫长潜伏期),产生很多突变现象,使得细胞能够脱离身体机能的控制而肆意无规律增殖,最终发生癌变。

染色体异变理论的早期支持者欧基维德·温格认为，染色体倍增现象尤其值得关注。通过反复观察，研究人员发现，六氯联苯和其同类化学品林丹能够导致实验植物染色体倍增。而这两种化学品又与许多有确凿记录的致命性贫血病的病例联系密切，难道这只是巧合？另外一些能够干扰细胞分裂的杀虫剂会不会破坏染色体并引发其异变呢？

不难理解，为什么与辐射或类辐射物质接触的人容易罹患白血病。物理或化学诱变剂的主要攻击对象是异常活跃的细胞分裂，包括各种组织细胞，尤其是造血细胞。人体骨髓是红细胞的主要制造者，每秒向血液中输送 1000 万个红细胞。白细胞形成于淋巴和部分骨髓细胞之中，产生速度不稳定，但数量也异常惊人。

类似锶 -90 的放射性物质与骨髓病变的关联极为密切。作为杀虫剂溶液的常见成分，苯会进入骨髓并存留 20 个月之久。多年以前，医学文献就将苯列为白血病的致病物质。

恶性病变细胞在儿童快速成长的体内组织中找到了最适宜的生长环境。麦克法兰·伯内特博士曾指出，白血病不仅在世界范围内肆虐，而且已经成为三四岁儿童的常见疾病，发病率远超其他疾病。他说："三四岁成为白血病发病的高峰年龄段，只有一种解释，儿童在出生前后接触了诱变剂和刺激物。"

另一种致癌诱变剂是聚氨酯。怀孕的母鼠在接触聚氨酯之后，母鼠和后来出生的幼鼠都患上了肺癌。由于实验幼鼠仅在出生前接触过聚氨酯，所以可以肯定聚氨酯能够侵入胎盘。正如休珀博士所警告的，接触过聚氨酯或同类化学品的人，其后代可能会长婴幼儿肿瘤。

聚氨酯属于氨基甲酸乙酯物质，与除草剂 IPC 和 CIPC

的化学性质类似。虽然癌症专家对此做出了警告,但氨基甲酸乙酯类化学品仍然应用广泛。除了杀虫剂、除草剂和杀菌剂,它还被用于各种塑化剂、医药、服装和绝缘材料之中。

一些间接因素也可能导致癌症。有些物质通常情况下是不会诱发癌症的,但是它们能够破坏身体器官的正常功能,从而导致恶性病变。跟性激素失衡有关的癌症,尤其是生殖系统癌症,就是这方面的典型案例。如果肝脏受到损伤而无法保持正常的激素水平,就容易导致性激素失衡。氯代烃类化合物就属于间接致癌物,因为它们在某种程度上会对肝脏造成损伤。

当然,人体正常存在的性激素发挥着必不可少的作用,能够促进生殖器官的生长发育。肝脏平衡着人体内的雄性激素和雌性激素(这两种激素在男女体内同时存在,只是量有所不同),防止任何一种激素过度累积。但是,如果肝脏受到病菌或化学物质的侵害,抑或是复合维生素 B 缺乏,就无法继续发挥平衡控制的作用。这种情况下,雌性激素就会迅速增加,超出正常范围。

雌性激素过多会造成什么样的后果呢?至少,动物实验已经提供了大量例证。洛克菲勒医学研究所的一名研究人员发现,肝脏受损的兔子子宫肌瘤发病率极高。这很可能是因为受损的肝脏无法继续抑制体内的雌性激素,导致雌性激素"飙升到致癌水平"。在小鼠、大鼠、豚鼠、猴子身上所做的多项实验表明,雌性激素长期发挥主导作用(量不一定非常大)会使生殖器官的组织发生变化,"从良性增生变成恶性病变"。仓鼠则会因为雌性激素过量而患上肾肿瘤。

尽管医学界对于该问题的看法尚存在争议,但大量证据表明人体组织也会发生类似的病变。加拿大麦吉尔大学皇家维多利亚医院的研究人员在研究中发现,150 例子宫癌患者中,有 2/3 出现了雌性激素异常升高的情况。后续研究的 20 个病例中,90% 出现了类似雌性激素增多的情况。

上述情况的出现很可能就是肝脏因为受损而无法有效抑制雌性激素的结果,然而,现今的医疗技术却无法检测到这一点。如我们所知,氯代烃类化合物很容易就能造成此类损伤,微小剂量的摄入便能使肝脏细胞发生变化,同时造成复合维生素 B 的流失。这一点非同小可,因为很多证据显示,复合维生素 B 具有抗癌作用。斯隆 – 凯特琳癌症研究所已故所长 C.P. 罗兹发现,动物在摄入富含复合维生素 B 的酵母之后,即便暴露在强致癌物之下也不会罹患癌症。复合维生素 B 缺乏可能会诱发口腔癌或消化道其他部位的癌症。这种现象不是美国所独有的,瑞典和芬兰北部地区的人们由于饮食中缺少维生素 B,也存在类似的情况。营养不均衡的人群是原生性肝癌的高发群体(如非洲的班图部落)。非洲部分地区男性乳腺癌的高发也与肝脏疾病和营养不均衡密切相关。二战后,希腊地区男性乳房普遍增大,就是饥荒引发的。

简而言之,杀虫剂能够损伤肝脏,遏制复合维生素 B 的吸收,进而导致人体内雌性激素升高,从而间接引发癌症。除此之外,我们还会在日常生活中广泛接触化妆品、药物、食品和职业环境中的各种合成雌性激素。内生和外在雌性激素的共同作用应当引起我们的重视。

人类与化学致癌物质(包括杀虫剂)的接触形式多样,难以控制。人们可以通过多种方式、多种途径反复与同一种化学品进行接触。比如说砷,它以各种各样的形式出现在人类的生活环境之中——空气污染物、水污染物、食品中的农药残留、药物、化妆品、木材防腐剂以及油漆或墨水着色剂等。单次接触可能不足以致癌,然而,任何一次“安全剂量”与之前的叠加都有可能造成人体内部的失衡,从而导致危险后果。

当两种以上致癌物共同作用的时候可能出现叠加效应。举例来说,如果一个人接触了DDT,不可避免地还要与其他能够损伤肝脏的化学品进行接触,包括溶剂、脱漆剂、脱脂剂、干洗液和麻醉剂等。这样一来,所谓的DDT的“安全剂量”应该怎么计算呢?

此外,一种化学物质可能与另一种化学物质发生反应,改变其发挥作用的方式,这就使得情况更加复杂。有时候,癌症要在两种化学物质的共同作用下才能被诱发。一种化学物质使细胞或组织的敏感度提升,另一种化学物质或促进剂进一步发挥作用,导致细胞发生真正的恶性病变。正因如此,除草剂IPC和CIPC在皮肤肿瘤的生长过程中可能起着诱发作用,播下了恶性病变的“种子”,而真正的恶变由其他物质(或许只是普通的洗涤剂)来完成。

进一步说,在物理和化学元素之间也可能存在相互作用。白血病的发病过程可能分为两个阶段:X射线引发恶性病变,人体摄入的化学物质(如聚氨酯)促进完成病变过程。现代社会里,人类日常遭受的辐射越来越多,与各种化学品的接触也愈加频繁,形势非常严峻。

水源中的放射性物质污染也是个问题。这些放射性物质通过电离作用改变了水源中其他化学物质的特性,使其元素重排并生成新的化学物质。

洗涤剂污染公共水源的问题令全美的水污染专家忧心忡忡。截至目前,还没有能够将洗涤剂彻底清除的方法。某些洗涤剂可能间接导致癌症：人们在接触它们之后，消化道的内壁会受到影响，机体组织改变后会更有利于危险化学品的吸收，进而导致恶变。但是对于这个恶变的过程，又有谁可以预料并进行控制呢？

我们对危险总是置若罔闻，任由致癌物存在于我们生存的环境之中。最近的一个发现就很能说明问题。1961 年春，肝癌在很多联邦、州和私人养殖场的虹鳟鱼中大规模暴发。美国东西部多地的虹鳟鱼都“惨遭毒手”，甚至有些地区 3 年以上的虹鳟鱼全军覆没。这个发现还得益于美国国家癌症研究所和美国鱼类及野生动植物管理局预先达成的检测鱼类肿瘤的协议。这个协议正是为了对水污染可能导致人类患癌做出预警。

尽管相关研究还在进行，导致大面积肝癌暴发的确切原因也尚未确定，但其中最重要的证据已经指向虹鳟鱼饵料中的某种成分。除了基本的食物之外，饵料中还加入了大量化学添加剂和药物。

虹鳟鱼的故事具有多重意义，其中最重要的是证明了一种强效致癌物会带来什么样的严重后果。在休珀博士看来，虹鳟鱼大规模罹患肝癌是在警告人类：一定要对环境中致癌物的数量与种类进行有效的控制。他说：“如果不采取有效的防范措施，人类很快就会面临类似的灾难。”

有一位研究人员曾说，我们如今在“充斥着致癌物质的海洋”里遨游。这个形容令人非常沮丧、倍感绝望。大部分人对此做出的反应是：难道真的无法挽回了吗？难道真的没有办法清除掉世界上的致癌物质了吗？与其徒劳无功地去查找致癌原因，还不如全力以赴研究治疗癌症的方法！

休珀博士多年致力于癌症研究，成绩卓然，经验丰富。

他考虑再三，给出了令人信服的答案。他认为，目前人类所面对的癌症形势和19世纪末出现的传染病情况十分相似。巴斯德和科赫的卓越的研究工作阐明了致病微生物与许多传染病之间的因果关系。不论是医护人员还是普通大众都明白人类生存环境中存在着数量巨大的致病微生物，一如当今遍布人类周遭的致癌物质。目前，大多数传染病已经被控制在合理范围之内，甚至有些已经被根除，这样的医学成就得益于严密的防控和有效的治疗。尽管在普通人眼中，这一成就应归功于“灵丹妙药”式的特效药，然而，这些“战役”能够获胜的决定性因素是病原体的根除。百余年前，伦敦暴发的大霍乱就是历史的明证。根据疾病暴发的地点，伦敦的一名医生约翰·斯诺绘制了一张地图，发现病例都集中在同一个地方，该地的居民都从布劳德街上的抽水井中取水。斯诺当机立断，让人拆除了该抽水井的阀门，霍乱疫情得到控制。这一方法并不是使用能够灭杀霍乱细菌的“灵丹妙药”，而是清除环境中的致病微生物。治愈病人只是治疗措施之一，而将致命微生物清除的意义同样重大。如今，肺结核病之所以比较少见，很大的原因是人类采取了有效措施，鲜有机会能够接触到结核杆菌。

当今世界致癌物质泛滥。休珀博士认为，将所有或者绝大部分精力投入癌症治疗方法（假如能够发现彻底治愈癌症的方法）的研究中根本就不现实。无人问津的海量致癌物质会继续危害人类，其致癌速度远比无法估摸的“治疗”速度快。

我们为什么不愿意采用预防这种常规办法来远离癌症？休珀博士认为，原因可能是“比起制定预防措施，治愈癌症患者这个目标更振奋人心，更有成效和回报”。但是，在患癌之前采取预防措施“绝对是更加人道的”,并且效果会更好。他从不认同诸如“每天早餐前吃一个神奇药丸就能预防癌症”之类的说辞。这种说法是建立在公众对癌症的误解之上的——癌症尽管是一种神秘的疾病,但它被诱发的原因是单一的,所以会有单一的治疗方法将其治愈。这和事实相去甚远。比如,环境性癌症是多种化学和物理因素共同引发的,因此诱发病变的条件多种多样,病变的生理表征也各不相同。

即便有朝一日人类实现了期盼已久的“突破”,也不能指望这种“突破”成为治疗各种癌症的“灵丹妙药”。尽管为了减轻患者的痛苦、治愈癌症,人类必须坚持不懈地找寻各种可能的治疗方法,但是,那种想要一蹴而就解决问题的幻想只会伤害人类自身。这个问题只能慢慢地、一步步地解决。当我们将千百万经费用于研究领域,将希望寄托于治愈癌症的大型项目时,甚至当我们在寻求治愈的方法时,却对预防癌症的良机视若无睹。

我们对癌症并非无能为力。与19世纪末20世纪初暴发传染病的情况相比,对抗癌症的前景还是光明的。当时,全世界传染病菌蔓延,与当今世界充斥着致癌物质如出一辙。但当时人类并未主动将传染病菌投入生存环境之中,也并未主动传播过疾病。与之相反的是,当今世界的大部分致癌物质都是人类主动投放到环境中去的,只要愿意,我们就能将很多致癌物质清除掉。化学致癌物在地球上肆虐,主要有两个原因:第一个原因是人类为了追求更舒适、更便捷的生活——这简直就是一个大大的讽刺;第二个原因是这些致癌物的生产和买卖已经成为人类经济活动和日常生活的一部分,并被广为接受。

想要把现代生活中的所有致癌物清除也是不现实的。但是,绝大部分致癌物并非生活必需品。如果我们把这些非必需品清除掉,那么致癌物的总量会大大减少,人类罹患癌症的概率也会大大降低。现代社会中,有患癌风险的人口数量占人口总数的1/4。[2] 对此,当务之急是杜绝致癌物继续污染我们的食物、水资源和空气,即便我们接触到的致癌物是微量的,但年复一年的持续性摄入使得这种接触危险至极。

[2] 至此,点明本章标题的含义,强调癌症预防的当务之急就是杜绝致癌物,慎用各种化学药剂。

众多癌症研究领域的著名专家与休珀博士的观点一致:查明环境中的致癌因素,对其进行清除或减轻其危害,就能明显降低恶性疾病出现的概率。当然,对于那些癌症患者或潜在的癌症患者来讲,我们必须继续寻找能够将其治愈的方法。但对于还未被癌症袭扰的人群以及尚未出生的子孙后代来讲,预防工作已然刻不容缓。

第十五章 大自然的反击

人类不惜一切代价按照自己的意愿去改造大自然,结果却事与愿违,这真是讽刺。[1] 而这正是我们现在所面临的窘况。尽管我们很少提及,但真相的确如此:大自然不会轻而易举就被改造,昆虫似乎已经找到了对付化学农药的方法。

[1] 改造大自然可以,但不能"不惜一切代价按照自己的意愿去改造",否则,就会受到大自然的惩罚。

荷兰生物学家 C.J.布雷约说:"在自然界中,昆虫世界有着最令人叹为观止的奇观。在这个世界里,一切皆有可能,令人匪夷所思的事情时有发生。深入研究昆虫世界的人都会被自己看到的景象所震撼。在这里,任何事情都有可能上演,即使是那些看起来完全不可能的事情。"

目前,这种"完全不可能的事情"正表现在两个方面。一方面,昆虫通过遗传选择对化学药物产生了抗体。下一章我们会对这个问题进行详细讨论。另一方面,一个广泛存在的问题需要我们留意:化学药物正在削弱大自然用以制约各物种之间平衡的防御机制。我们每破坏一次大自然的防御机制,大规模的虫害就会随之而来。

来自世界各地的报告清晰显示,我们正身处困境之中。经过十几年的大规模化学防控,昆虫学家们发现,那些他们曾以为已经解决的问题竟然变本加厉地卷土重来。之前那些数量不多、不足为患的昆虫突然开始横行霸道。由此看来,人类采取化学防控措施就像是搬起石头砸了自己的脚。因为最初设计和使用化学防控措施的时候,人类并没有将生物系统本身的复杂性考虑在内。应用的化学药物在少数几种生物身上进行过测试,但这并不能保证它们适用于全部生物种群。

有人倾向于认为,自然的平衡只存在于远古的简单世界之中,现今世界的自然平衡早已被打破,我们不妨忽视它的存在。这个观点得到了一部分人的赞同。但是,如果将其作为行动指南,后果将不堪设想。现今的自然平衡虽然与更新世时的自然平衡大为不同,但它依然存在。我们不能忽视生物之间复杂、精确却又高度统一的关系,否则就会像站在悬崖边上的人,因蔑视地球引力而受到大自然的惩罚。自然平衡是不断变化、调整的,并非恒定不变。人类自身的活动会诱使大自然做出相应的调整,这种调整有时候对人类有利,有时候却对人类有害。

人们在制订昆虫防控计划的时候忽略了两个关键事实。第一个事实是,最有效的防控主体是大自然而非人类。物种的数量由生态学家所说的环境制约力量控制,从生命起源时便是如此。食物的总量、气候条件、竞争者或猎食者的数量等都是其中非常重要的制约因素。昆虫学家罗伯特·梅特卡夫说:“防止昆虫肆虐全球的唯一有效措施便是它们内部的互相残杀。”但是,现在使用的大部分杀虫剂却将所有昆虫不加区分地灭杀。

第二个事实是,一旦环境的制约力量被削弱,某个物种就会出现爆炸性增殖现象。许多生物的繁殖能力远超人类的想象,我们时不时就会领略其威力。还记得在学生时代,我将几滴原生动物的培养液加入装有水和甘草的罐子里,几天之后就出现了奇迹:罐子里满是横冲直撞的小生命——不计其数的尘埃般大小的草履虫。它们在温度适宜、食物充足、缺乏天敌的“伊甸园”中肆意繁殖。我记得海边的岩石上覆盖着满满的灰白色的藤壶,远远望去白茫茫的一片。我还记得见过大群水母绵延开来的景象：那些水母如鬼魅般颤动，与大海融为一体，根本望不到边际。

每年冬日，当鳕鱼从海洋洄游到产卵地时，我们就能看到大自然神奇的控制作用。每条雌鳕鱼能够产下数百万粒鱼卵。如果这些鱼卵都能成活，那海洋就变成了鳕鱼的天下，然而这种盛况并不会出现。大自然的制约作用会确保数百万只鱼卵之中，能够存活并长大成年的鳕鱼数量基本与上一代鳕鱼的数量持平。

生物学家经常会假想，若是意外灾难降临，自然的制约作用失效，导致某一物种的所有后代都能存活，结果会怎样？

万幸，这种极端情况只存在于理论之中。但是，致力于研究动物种群的人最清楚破坏自然制约机制可能会带来多么严重的后果。牧民疯狂消灭草原狼，结果是田鼠泛滥成灾，因为草原狼是田鼠的天敌。亚利桑那州凯巴布高原的黑尾鹿的情况是另一个为人们所熟知的典型案例。一段时期以来，黑尾鹿的数量与环境之间达到了一种平衡。各种捕食者（狼、美洲狮、土狼）控制着鹿群的数量，保证其不会超过环境的食物供给能力。但是，出于"保护"黑尾鹿的目的，人们开始猎杀其天敌。在这些动物消失之后，鹿群数量急速增长，这一地区很快就出现了食物短缺现象。黑尾鹿所到之处，植物都被啃光了。后来，饿死的黑尾鹿的数量远远超过被其天敌杀死的数量。此外，该地区的生态环境也因为黑尾鹿的疯狂觅食而遭到严重破坏。

田野和森林中捕食性昆虫的作用与凯巴布高原上狼的作用相似。如果这些捕食性昆虫被灭杀，被它们捕食的昆虫的数量会飙升。

地球上究竟有多少种昆虫，我们不得而知，因为太多的昆虫种类尚未得到确认。目前已知的昆虫就超过了 70 万种。从数量来看，地球上生物的 70%~80% 是昆虫。大部分昆虫的数量都在大自然的制约之下，与人类的干涉毫无干系。如果失去了大自然的制约，恐怕无论多少种化学药物和防控办法都无济于事。

糟糕之处在于，我们总是在失去自然的保护作用之后才意识到自然天敌的作用。大多数人对此视若无睹，感受不到大自然的美丽和神奇，漠视生活在我们周围奇特且数量众多的昆虫，对捕食性昆虫和寄生性昆虫的活动鲜有了解。或许，我们在花园的灌木丛中看到过一种长相奇特、外表凶残的昆虫——螳螂，对其以捕捉其他昆虫为食这件事情也一知半解。只有当我们在夜晚拿着手电筒走进花园，看到螳螂蹑手蹑脚接近自己猎物的时候，才能理解捕食者和猎物之间的真实关系，才能感受到大自然强大的控制能力。

大自然中捕食性昆虫的种类繁多。其中一些昆虫身手敏捷，能够像燕子一样在空中捕猎。还有一些昆虫会在树干上缓慢爬行，吞食沿途的蚜虫等静止不动的小昆虫。小黄蜂在捕获软体小昆虫之后，会用其肉汁喂食幼蜂。泥蜂会在屋檐下用泥巴修筑圆柱形的蜂巢，将捕捉到的昆虫放入其中供幼蜂食用。沙黄蜂会在牛群上方飞舞，杀死侵扰牛群的吸血苍蝇。经常被错认为蜜蜂的食蚜蝇嗡嗡嗡地叫着，在长了蚜虫的植物上产卵，孵出的幼虫能消灭大量蚜虫。瓢虫可以有效地灭杀蚜虫、蚧壳虫以及其他植食性昆虫。一只瓢虫产一次卵便需要吃掉数百只蚜虫来积聚能量。

寄生性昆虫的习性更为奇特。它们不会直接将宿主杀死，而是通过各种各样适当的办法来利用宿主喂养自己的幼虫。有些寄生性昆虫会将卵产在宿主的幼虫或虫卵中，幼虫在发育过程中以宿主为食。有的寄生性昆虫用黏液把虫卵粘到软体小昆虫身上，孵化后的幼虫则会钻进宿主的皮肤里。还有一些寄生性昆虫会颇有长远打算地将卵产在树叶上，等待软体小昆虫在进食时吞下虫卵。

田间地头、灌木篱笆、花园菜地和森林之中，捕食性昆虫和寄生性昆虫随处可见。几只蜻蜓从池塘上空掠过，阳光照在它们的翅膀上，折射出火焰般耀眼的光芒。它们的先祖也曾同样在沼泽的上空飞掠捕食。现今，它们仍和古时候一样，凭借锐利的目光和弯曲的细腿在空中捕捉蚊子。蜻蜓幼虫则在水下捕食蚊子幼虫孑孓和其他昆虫。

草蜻蛉拥有薄纱似的绿色翅膀和金黄色的眼睛，胆小而隐秘，附着在叶片上时不易被察觉。它们的祖先可以追溯到二叠纪时代的一个古老物种。成年的草蜻蛉主要以植物花蜜和蚜虫体液为食。草蜻蛉的卵会有一条长长的丝柄，其根部会固定在植物的叶片之上。它们奇特而带有毛刺的幼虫——蚜狮一经孵化，便开始捕食蚜虫、蚧壳虫和螨虫，吸食它们的体液。每一只蚜狮在消灭数百只蚜虫之后，方能吐出白丝，结茧化蛹。

还有很多黄蜂和蝇类也通过寄生的方式以其他昆虫的卵或幼虫为食。一些寄生在虫卵之中的黄蜂虽然个头很小，但数量庞大、活动频繁，能够有效遏制多种庄稼害虫的大量繁殖。

所有这些微小的生物都在辛勤劳作，不分雨晴，不舍昼夜，甚至冬日的严寒即将把它们的生命之火扑灭，也没能让其放下工作。这股微弱的生命之火隐隐燃烧，待到春天唤醒整个昆虫世界之时将再次爆发出燃烧的激情。整个冬天，在厚厚的积雪和冰冻的土壤之下，在树皮的裂缝和隐蔽的洞穴之中，寄生性昆虫和捕食性昆虫都各自找到安身之地以度寒冬。

头一年夏天，雌螳螂在生命即将结束之前，将卵产在卵鞘之中，使卵附着在灌木的树枝之上。

雌性长脚黄蜂会隐藏在废弃阁楼的角落里，体内携带着大量承载族群未来的受精卵。春天到来之后，雌蜂作为唯一的幸存者会营筑小小的、薄薄的蜂巢，将卵产在几个巢室之中，精心培育一支小型工蜂队伍。在工蜂的帮助之下，雌蜂会扩建蜂巢、发展种群。炎炎夏日，这些工蜂会不停觅食，吃掉无数软体小昆虫。

由于这些昆虫的生活习性和人类的自身需求，它们成为人类的盟友，在维持自然平衡方面对我们大有裨益。然而，我们现在却将武器对准了自己的盟友。最可怕的是，我们大大低估了它们在遏制虫害方面的巨大作用。如若失去它们的帮助，虫害早已开始肆虐。

杀虫剂的数量、种类和破坏力逐年升级，随之而来的便是环境控制能力的普遍性、永久性下降。随着时间的推移，我们将迎来更加肆虐的虫灾，这些昆虫传播疾病，损毁庄稼，危害程度将超乎想象。

你可能会说："这不过是理论上的假设罢了！反正无论如何，我们有生之年是不可能看到这种情形的。"

然而，这样的事情已经发生了，就发生在此时此刻。据科学刊物记载，截至 1958 年，已有 50 余种昆虫出现严重的数量失衡问题。每年新的例子也层出不穷。最近，关于该问题的一篇研究论文的参考文献多达 215 种，内容无一不是报告或讨论杀虫剂所引发的昆虫数量失衡的不良后果。

有时候,杀虫剂的喷洒反而会适得其反。举例来说,喷药之后,加拿大安大略省的黑蝇数量达到喷药之前的17倍。而英国在喷洒了一种有机磷的农药之后,暴发了史无前例的卷心菜蚜虫灾害。

也有一些情况,喷药虽然能够有效控制目标昆虫,但也打开了盛满各种害虫的潘多拉魔盒,之前根本就不足为患的一些害虫泛滥成灾。例如,DDT和其他杀虫剂将叶螨的天敌灭杀之后,叶螨发展成世界性害虫。叶螨不是昆虫,而是一种极其微小的叶螨科八足动物,与蜘蛛、蝎子、扁虱同属一类。叶螨的口器异常尖锐,适合穿刺和吸吮,偏好能给世界带来绿色的叶绿素。它们把尖细的口器刺入树叶叶肉或常青树的针叶中,吸食叶绿素。树木或灌木若是遭受叶螨轻度的侵袭,树叶上会出现斑驳的斑点;若受害严重,树叶则会变黄甚至脱落。

数年前,美国西部林区就发生过这样的事情。1956年,美国林业局向88.5万英亩的森林中喷洒DDT,目的是防控云杉食心虫。结果,次年夏天出现了一个比云杉食心虫更加棘手的问题。工作人员在空中巡查的时候发现,森林开始大片枯萎,高大威猛的花旗松的针叶开始变黄甚至脱落。从海伦娜国家森林公园到大贝尔特山脉的西部山坡,从蒙大拿州的其他地区直至爱达荷州,所有的森林仿佛被火烧焦了似的。很明显,1957年夏天的叶螨虫害是有史以来规模最大、程度最严重的一次。几乎所有喷过药的地方都受到了虫害的影响,而没喷药的地区却没有明显的受灾情况。在寻找历史上的先例时,护林员联想到了前几次的叶螨灾害:1929年的黄石公园麦迪逊河段、1949年的科罗拉多州、1956年的新墨西哥州都暴发过类似灾害,但都不及这一次的严重。每一次叶螨灾害的暴发都出现在森林喷药之后(1929年,DDT还没有问世,当时使用的药剂是砷酸铅)。

为什么喷药之后叶螨反而更为猖獗?除了叶螨对杀虫剂不敏感这一明显事实之外,似乎还有另外两个原因:第一,叶螨的数量是由几种捕食性昆虫共同控制的,包括瓢虫、瘿蚊以及其他一些捕食性昆虫,这些昆虫都对杀虫剂比较敏感;第二个原因与叶螨族群内部的数量压力有关。如果没有外力的干预,叶螨族群通常密集生活在一起,聚居在可以躲避天敌的保护带之下。喷药之后,叶螨虽然不会被杀死,但受到惊吓的它们会分散开来,去寻找新的栖息之所,以便获得更为广阔的空间和更为充裕的食物。当所有天敌被灭杀之后,叶螨便不再需要耗费精力去"编织"保护带,于是把全部精力用于繁衍后代。拜杀虫剂所赐,叶螨产卵的数量轻轻松松达到喷药之前的3倍。[2]

[2] 这是大自然不会轻而易举就被改造的生动例证,或者说,叶螨数量不减反增正是大自然对人类的反击。

弗吉尼亚州的谢南多厄河谷是著名的苹果产区。自从DDT代替砷酸铅之后,一种被称为红线卷叶虫的小昆虫便开始在这里肆虐。这种昆虫之前从未造成过任何严重的灾害,却突然之间侵袭了果园中半数以上的苹果,一跃成为苹果害虫之首。随着DDT使用量的增加,红线卷叶虫灾害从谢南多厄河谷蔓延到美国东部和中西部地区。

20世纪40年代末,加拿大东南部新斯科舍省的苹果园中,苹果卷叶蛾(苹果虫蛀的源头)灾害最严重的区域正是定期喷药的地方,而在未喷药的区域,苹果卷叶蛾的数量竟然都不能构成危害。这是多么讽刺啊!

苏丹东部也出现过频繁喷药却招致不良后果的现象,棉农在喷施DDT之后却反受其害。加什河三角洲的灌溉区共有6万英亩棉田。DDT的早期实验表明,它的杀虫效果不错,于是棉农们加大了喷洒力度。麻烦也就随之而来。对棉花危害最大的一种害虫是棉铃虫。但是,喷药越频繁,棉铃虫的数量就越多。在未喷药的棉田里,棉铃、棉桃遭受的危害相对较少。喷过两次药的棉田中,棉籽产量骤减。虽然DDT消灭了一些啃食棉花叶子的害虫,但是这点好处被棉铃虫造成的损失抵消了。最终,棉农不得不面对一个令人沮丧的事实:若不是自己费钱费力去喷药,棉花的收成可能会更好。

在比属刚果(即刚果民主共和国,曾是比利时的殖民地,时称比属刚果)和乌干达,人们为了防控一种咖啡树害虫而大规模喷施DDT,后果几乎是灾难性的。害虫本身几乎毫发未损,但是其天敌却深受其害。

在美国,由于喷药扰乱了昆虫世界的动态平衡,虫害更加肆虐。最近的两次大规模喷药都造成了严重的恶果,一次是南方的火蚁防治计划,另一次是中西部灭杀日本金龟子的喷药计划(详见第七章和第十章)。

1957年,路易斯安那州的农田在大规模喷洒七氯之后,对甘蔗危害最严重的害虫——甘蔗螟虫泛滥。在用七氯喷洒农田之后不久,甘蔗螟虫造成的危害加重。人们为了灭杀火蚁而喷施的化学农药也杀死了甘蔗螟虫的各种天敌。甘蔗收成遭受重创,农民进而起诉州政府,因为州政府没有事先对喷药可能带来的后果发出警告。

伊利诺伊州的农民也得到了同样惨痛的教训。为了防治日本金龟子,伊利诺伊州东部的农田大量施用毒性极强的狄氏剂,却发现喷药地区的玉米螟的数量飙升。事实上,该区域具有破坏性的玉米螟幼虫的数量是未喷药地区的两倍。农民可能并不了解其中的生物学原理,但是无须科学家提醒,他们也知道自己做了一笔赔本买卖:为了消灭一种昆虫，却引来了另一种危害更大的昆虫。据美国农业部估算，日本金龟子每年造成的损失为1000万美元，而玉米螟带来的损失为8500万美元。

值得注意的是，玉米螟的防控原本一直依靠自然力量。该昆虫在1917年时被意外引入美国。两年之后，美国政府便实施大规模的计划来搜寻并引进玉米螟的寄生虫。此后，美国政府斥巨资从欧洲和亚洲各国引进了24种玉米螟的寄生虫，其中5种的防控效果非常明显。无须赘言，喷药将玉米螟的天敌悉数杀死，这些前期工作和已经取得的成绩全都化为泡影。

如果这不足以让人信服，不妨看看加利福尼亚州柑橘园的情况。19世纪80年代，这里推行过世界上最著名、最成功的生物防控实验。1872年，加利福尼亚州出现了一种以柑橘树液为食的蚧壳虫，它们15年之后发展成为一种破坏性极大的害虫，导致很多柑橘种植园损失惨重。刚刚起步的柑橘产业遭受重创，很多农民将果树连根拔起，放弃柑橘种植。后来，政府从澳大利亚引进了一种叫作澳洲瓢虫的蚧壳虫寄生虫。仅仅两年之后，加利福尼亚州柑橘园的蚧壳虫害便得到了有效控制。从那时起，即使人们在柑橘园连续找上几天，也很难发现一只蚧壳虫的踪影。

到了20世纪40年代，柑橘种植户们开始使用令人眼花缭乱的新型化学品来对付其他昆虫。随着DDT和其他毒性更强的化学药物的出现，加利福尼亚州多地的瓢虫都不见了踪影。政府当时引进该昆虫的花费为5000美元，每年为种植户们挽回数百万美元的损失。但稍不留神，这一成绩就会成为泡影。蚧壳虫很快便卷土重来，引发了50年来最严重的虫害。

“这可能标志着一个时代的终结。”加州大学河滨分校柑橘种植实验中心的保罗·德巴赫博士说。防控蚧壳虫的工作现在变得极为复杂。人们不仅要反复投放澳洲瓢虫,还要时刻注意喷药时间,尽量减少瓢虫与杀虫剂接触的机会。然而,无论柑橘种植户们多么谨慎,多少都会被邻近地区果园的喷药行动连累,因为在空中飘散的杀虫剂已经造成了严重的损失。

以上案例都与危害农作物的昆虫有关。那些会传播疾病的昆虫情况又如何呢?目前,我们已经收到了此类警示。第二次世界大战期间,南太平洋上的尼桑岛曾进行过大规模喷药。战争结束之后,喷药也随之停止。不久,大批携带疟疾病毒的蚊子重新在岛上肆虐。由于蚊子的所有天敌都被药物灭杀殆尽,新的种群又尚未形成,蚊子的肆虐依然无可阻挡。马歇尔·莱尔德在描述这场灾难的时候把化学控制比作一台跑步机——一旦我们踏上去,就会因为可怕的后果而不敢再停下来。

在很多地方,疾病都与农药喷洒有着各种各样的关联。出于某种原因,蜗牛之类的软体动物似乎不太受杀虫剂影响。人们曾多次观察到这种现象。在佛罗里达州东部盐沼地喷药后发生的那次大灾难中(详见第九章),只有水生螺得以幸存。当时的景象十分骇人,宛若一幅怪诞、恐怖的超现实主义画作。水生螺在死鱼和濒死的招潮蟹中间爬行,吞食着这些死于毒药之手的生物。

这点为什么值得强调呢?因为许多水生螺都是危险寄生虫的宿主。这些寄生虫一生中的部分时间是在软体动物身上度过的,一部分时间是在人体中度过的。血吸虫就是其中的典型:它们通过饮用水或洗澡水进入人体并能导致严重的疾病。血吸虫是随着蜗螺类宿主进入水中的。这种疾病在亚洲和非洲地区相当普遍,这些地方在进行昆虫防治的时候,使用的防控措施很可能导致螺类数量增长,从而导致严重后果。

当然,人类并不是螺类传播疾病的唯一受害者。在淡水螺身上寄生了一段时间的肝吸虫可能会使牛、绵羊、山羊、鹿、麋鹿、兔子等各种恒温动物患上肝病。感染了肝吸虫的动物肝脏不适合人类食用,因而被禁止上市买卖。美国的农民每年会因此损失 350 万美元。任何使螺类数量增长的举措都会使问题变得更加严重。

过去的 10 年间,这些问题已经造成了严重的影响,但我们对此的认知却很滞后。那些最适合研究自然防控手段并能将之付诸实践的人却埋头于研发化学药物。1960 年的一份报告显示,全美只有 2% 的昆虫学家在从事生物防控领域的研究,而剩下 98% 的学者都投身于化学杀虫剂的研究中。

为什么会出现这种状况呢?因为一些大型化工企业会斥巨资资助高校进行杀虫剂方面的研究,还为学生提供丰厚的研究生奖学金和诱惑力很大的工作岗位。而生物防控方面的研究从未获得如此多的资助,原因显而易见:生物防控研究不会给任何人带来在化学工业研究中获得的丰厚回报。这样清苦的工作只能留给各州和联邦机构里那些薪水微薄的研究人员。

这就解释了为什么某些杰出的昆虫学家会成为化学防控的鼓吹者。只要做一下背景调查就不难发现,他们的整个研究项目都是由化工企业资助的。他们的职业声望,甚至他们的工作本身,都依赖于化学防控的“万古长青”。让他们反咬自己的“衣食父母”一口简直就是我们的奢望。[3] 但是,

[3]“万古长青”“衣食父母”带有强烈的讽刺意味。

在知晓了他们的观点都是带有偏见的之后,我们又该如何相信他们那些关于杀虫剂无害的言论呢?

在使用化学品进行昆虫防控的呼声中,少数昆虫学家提出一些异议。他们还坚守着自己的底线,没有忘记自己昆虫学家的身份,非常清楚自己既非化学家又非工程师。

英国的 F.H. 雅各布说:"很多所谓经济昆虫学家的做派会让人感觉似乎小小的喷嘴就能够拯救整个世界……如果出现害虫卷土重来或产生抗药性、药物毒害哺乳动物等问题,化学家一定会发明出新的药剂来解决应对,然而事实并非如此……最终,只有生物学家才能给出虫害如何防控这一基本问题的答案。"

新斯科舍省的 A.D. 皮克特写道:"经济昆虫学家必须明白,他们是在跟生物打交道……他们的工作不应该只是进行简单的杀虫剂测试或寻找更具毒性的化学药剂。"皮克特博士本身就是理性昆虫防治领域的先驱,倡导充分发挥捕食性和寄生性昆虫的作用。他和同事们提出的防控方法堪称典范,鲜有媲美者,也许只有加利福尼亚州的几位昆虫学家倡导的联合防治项目勉强可以与之相提并论。

大约在 35 年前,皮克特博士就开始在新斯科舍省安纳波利斯谷的苹果园内开展研究工作,那里曾是加拿大各类水果的集中产地。起初,人们相信杀虫剂(当时还是无机化学物质)能够解决昆虫防控的难题,唯一的任务就是引导果农遵循各种推荐的使用方法。然而,美好愿景并没有如期出现,昆虫也不知什么原因存活了下来。人们陆续发明出新的化学药剂,设计出更好的喷药设备,喷药的热情空前高涨,但昆虫问题依旧没有得到任何改善。随后, DDT 横空出世,它被誉为苹果卷叶蛾噩梦的"终结者",结果招致一场史无前例的螨虫灾害。皮克特博士说:“我们不过是从一场危机转向了另一场危机,用一个问题替代了另一个问题。”

基于这个认识,皮克特博士和他的同事另辟蹊径,不再跟随其他昆虫学家研发难以控制、毒性更强的化学药剂。他们意识到,自然界中有着强大的盟友,于是设计出一套尽量利用自然力量、少用杀虫剂的方案。如果实在迫不得已需要使用杀虫剂,也仅使用最小剂量,以刚好能控制害虫又不会伤害其他益虫为目的。准确把握时间节点也非常关键。比如,赶在苹果花变成粉红色之前使用硫酸烟碱,能够使一种重要的捕食性昆虫幸免于难,因为那时候它们还没有孵化出来。

皮克特博士在遴选化学药剂的时候格外谨慎,尽量减少对寄生虫和捕食性昆虫的伤害。他说:“如果我们像过去使用无机化学药剂一样使用 DDT、对硫磷、氯丹和其他新型杀虫剂的话,就意味着致力于生物防控的昆虫学家也缴械投降了。”他没有使用毒性很强的广谱杀虫剂,而是主要依靠鱼尼丁(取自一种热带植物的地下根茎)、硫酸烟碱和砷酸铅,在某些特定的情况下也会使用浓度极低的 DDT 或马拉硫磷(每 100 加仑添加 1~2 盎司,而非通常的每 100 加仑添加 1~2 磅)。虽然这两种杀虫剂在现代杀虫剂中是毒性最小的,但皮克特博士依旧希望通过进一步研究,找到更安全、更有针对性的物质来替代它们。

那么,皮克特博士的新计划效果如何呢?在新斯科舍省,遵循皮克特博士改良计划的果农和那些选择大规模喷药的果农收获的一级水果的比例不相上下。皮克特博士的支持者取得了同样的好收成,但是花费的成本却要低得多。新斯科舍省的果园杀虫剂成本仅为其他苹果种植区的 10%~20%。

比这些骄人成绩更为重要的是,新斯科舍省的昆虫学家设计的改良方案不会破坏生态平衡。整个局势正在朝着10年前加拿大昆虫学家G.C.乌里耶特所预料的方向发展:“我们必须改变自己根深蒂固的观念,摒弃人类自认为是优等物种的态度,并且承认,在多数情况下,我们从自然环境中找到的限制生物数量的方法远比人为干预更为经济划算。”

第十六章 轰隆隆的雪崩声

如果达尔文还活在人世，看到自己的适者生存理论被昆虫世界验证得如此令人印象深刻，他一定会既高兴又惊讶。[1]在化学防控手段被大力推行的重压之下，昆虫世界中的弱者都惨遭淘汰。如今，在很多地方，只有那些体魄强健且适应能力强的昆虫才能存活下来，继续与人类的化学防控手段进行对抗。

[1] 达尔文如果知道化学防控手段被如此滥用，不知是否还能高兴得起来？

近半个世纪以前，华盛顿州立学院的昆虫学教授 A.L. 梅兰德问了一个在现在看来答案非常明确的问题："昆虫是否会逐渐对药剂产生抗体？"如果梅兰德当时不太清楚答案或者过了很久才得到答案，那只是因为他的问题问得太早——问题提出的时间是 1914 年，而不是 40 年后。在 DDT 发明之前，以现在的视角来看，人们对无机化学药物的使用是极为谨慎的，但是，在喷药之后存活下来的昆虫已经开始慢慢产生抗体。梅兰德自己就碰到过梨圆蚧（一种危害果树的蚧壳虫）难题。多年来，石灰硫黄防控梨圆蚧的效果基本令人满意。但是，突然之间，华盛顿州克拉克斯顿地区的梨圆蚧开始不受控制：比韦纳奇果园、雅吉马谷和其他地区的同类昆虫都变得难以灭杀。

很快，美国其他地方的梨圆蚧似乎都出现了同样的状况：果农高频率、大规模喷洒石灰硫黄，却无法再杀死它们。美国中西部地区数千英亩优质果园已经被这种产生抗药性的蚧壳虫彻底摧毁。

在加利福尼亚州的一些地区，用帆布帐篷把树罩住，再用氢氰酸熏蒸这一久负盛名的熏蒸法也开始失效。1915 年，加利福尼亚州柑橘试验站对该问题进行研究，持续时间长达 25 年。另一种产生抗药性的昆虫是苹果卷叶蛾，20 世纪 20 年代，卷叶蛾对此前 40 年一直成效显著的砷酸铅产生了抗药性。

然而，直到 DDT 和其同类化学药物大批量问世之后，昆虫才真正进入了“抗药性时代”。这个凶险的问题在过去几年已经开始显现，但凡稍微了解昆虫或生物种群数量变化的人都不会对此感到惊讶。但是，对于昆虫已经拥有对抗人类化学攻击的有效“武器”这一点，人们的认识还比较落后。当时，好像只有那些研究病原媒介昆虫的人才完全明白事态的紧迫；而大部分农业学家还寄希望于研发出新型的、毒性更强的化学药剂，这也是造成目前困境的主要原因。

与人类迟钝的认知相比，昆虫的抗药性发展迅速。1945 年之前，对前 DDT 时代的杀虫剂产生抗药性的昆虫仅有 10 余种。而随着新型有机化学药剂的出现以及大规模药剂喷洒方法的更新，昆虫自身的抗药性也急速发展。到了 1960 年，具有抗药性的昆虫已多达 137 种。人们都很清楚，事情远未结束。目前，该领域已有 1000 余篇相关研究论文发表。世卫组织在全球约 300 名科学家的支持下宣布：“目前，在携带病菌的昆虫防控过程中人们所面临的最主要的问题就是昆虫抗药性。”英国著名种群研究专家查尔斯·埃尔顿博士曾说：“雪崩的轰隆声正在逐渐迫近。”

昆虫的抗药性发展如此迅猛，以至于关于某种化学药物成功控制某种昆虫的报告墨迹尚未干透，人们就不得不重新发布修订报告。例如，南非的农场主深受蓝壁虱的困扰，曾有一座农场一年之内就有 600 头牲口因蓝壁虱而死。多年来，蓝壁虱已经对砷溶剂产生了抗药性。后来，农场主们试用了六氯化苯，短时间内取得的效果相当不错。1949 年初发布的一篇报告宣称，人们已经发现了新的化学药剂，能够轻松控制对砷溶剂产生抗药性的蓝壁虱。但是当年晚些时候，人们不得不沮丧地发布通告称，蓝壁虱又产生了新的抗药性。一位作家在 1950 年的《皮革贸易评论》上就此事发文说："如果人们充分了解此事的重要性，这些在科学圈内秘密传播、获国外媒体报道的新闻完全可以像原子弹爆炸那样登上各大媒体的头条。"

虽然昆虫的抗药性主要是农林业关注的问题，但其在公共健康领域也引起了恐慌。各种昆虫和多种人类疾病之间的关联由来已久。疟蚊会把单细胞疟疾病原体注入人的血液中；有些蚊子可以传播黄热病；还有一些蚊子携带脑炎病毒。家蝇虽不咬人，但可能污染人类的食物并传播痢疾杆菌，而且，在世界上大部分地区，家蝇还能够传播眼疾。疾病及其病原菌携带者的名单中肯定包括斑疹伤寒与虱子、鼠疫与鼠蚤、非洲嗜睡病与采采蝇、各种高热症与蜱虫等。

这些问题非常重要，必须尽快解决。任何一个负责任的人都不会对这些虫媒疾病视而不见。我们必须正视一个问题：用会使情况更加恶化的方法来解决这一问题是否明智，是否负责任？我们已经听到过许多通过控制携带病原菌的昆虫成功战胜了疾病的好消息，但是对失败的案例却鲜有耳闻。这些转瞬即逝的胜利有力说明，昆虫在我们的努力下已经变得越来越强悍。更为糟糕的是，我们或许已经摧毁了自身抵御疾病的能力。

加拿大著名昆虫学家 A.W.A. 布朗博士受聘于世卫组织，对昆虫抗药性问题展开全面调查。布朗博士在 1958 年出版的研究专论中写道:“在公共健康计划中引入强效合成杀虫剂之后不出 10 年,曾经得到控制的昆虫便产生了耐药性,这是目前主要的技术难题。”该专论出版之时,世卫组织呼吁:“如果不能尽快解决这一新问题,人类目前对抗由节肢动物传播的疟疾、斑疹伤寒和瘟疫等疾病的工作将遭受重创。”

重创的程度如何呢?目前,绝大多数医学昆虫已经出现在产生抗药性的昆虫的名单中。目前,大概只有墨蚊、沙蝇和采采蝇尚未产生抗药性,而全球范围内的家蝇和体虱都已经产生了抗药性。疟疾防控计划因蚊子产生抗药性而受到阻碍。鼠疫的主要传播者鼠蚤最近已经对 DDT 产生了抗药性,形势极其严峻。世界各地都在发布大量昆虫出现抗药性的报告。

医学上首次使用现代杀虫剂大约是在 1943 年的意大利。当时,盟军政府把 DDT 粉剂喷在许多人身上,成功治愈斑疹伤寒。两年之后,为防控疟蚊,人们大规模进行滞留性喷洒。然而,一年过后,麻烦就开始找上门来。家蝇和疟蚊都开始出现抗药性。1948 年,新型化学药剂——氯丹被研发出来,作为 DDT 的替代品。这一次,防控效果维持了两年。1950 年 8 月,部分疟蚊开始出现抗药性,当年底,所有家蝇与疟蚊似乎都对氯丹产生了抗药性。新的化学药剂一经使用,昆虫的抗药性就开始出现。至 1951 年底,DDT、甲氧氯、氯丹、七氯和六氯化苯都被列入失效化学药剂的名单之中。同时,蚊蝇却“多得出奇”,开始肆意泛滥。

20 世纪 40 年代后期,同样的事情在意大利撒丁岛重复上演。丹麦于 1944 年首次投入使用 DDT,及至 1947 年,许多地方宣告苍蝇的防控以失败告终。及至 1948 年,埃及多地的苍蝇对 DDT 产生抗药性,改用六氯化苯后效果明显但持续时间不足一年。埃及一个村庄的情况特别能够说明问题。1950 年,杀虫剂在当地防控苍蝇的效果极好,当年婴儿死亡率下降近 50%。然而次年,苍蝇便对 DDT 和氯丹产生抗药性,数量又恢复到之前的水平,而婴儿死亡率也随之回升。

1948 年,美国田纳西河谷的苍蝇已对 DDT 有了抗药性。其他地区相继出现类似情况。人们尝试用狄氏剂来进行防控,结果收效甚微。有些地区不出两个月,苍蝇就会产生明显的抗药性。防控机构在尝试过所有氯代烃类化合物之后,转而使用有机磷酸盐类化合物。不过,苍蝇再次对各种有机磷酸盐类化合物产生了抗药性。专家们得出的结论是:杀虫剂已经无法解决家蝇的防控问题,全面的卫生措施必须重新成为依靠。

DDT 最早且最负盛名的成就是在那不勒斯成功灭杀体虱。随后,1945 年的冬天,日本、韩国约有 200 万人受体虱肆虐的影响,于是 DDT 再次登场。1948 年,西班牙使用 DDT 防治斑疹伤寒却遭遇滑铁卢,这在一定程度上预示了未来工作困难重重。尽管 DDT 在实际使用中的失败案例屡见不鲜,但卓有成效的实验结果仍让昆虫学家们坚信,体虱不会产生抗药性。1950年的冬天,韩国发生的事件却让他们大吃一惊。一批韩国士兵在用过 DDT 药粉之后,身上的虱子反而更加猖獗。人们采集虱子样本进行检测,结果发现浓度为 5% 的 DDT 粉剂并不能提高虱子的死亡率。科学家从东京流浪汉身上,板桥区贫民窟以及叙利亚、约旦、埃及东部难民营中收集虱子进行检测,结果证实 DDT 对防控体虱和斑疹伤寒已经无效。到了 1957 年,伊朗、土耳其、埃塞俄比亚、南非、秘鲁、智利、法国、南斯拉夫、阿富汗、乌干达、墨西哥和坦噶尼喀等地的体虱都对DDT产生了抗药性。DDT在意大利最初取得的荣耀已然消失。

最早对DDT产生抗药性的疟蚊是希腊的萨氏按蚊。始于1946年、针对疟蚊的大规模喷药行动刚开始时成效不错，然而，1949年时，观察员发现，虽然在喷过药的房间和牲口棚中已经找不到疟蚊的身影，但大批量的成年蚊子出现在路桥下面。很快，这些成年疟蚊将自己的栖息地拓展到地窖、外屋、阴沟里以及橘子树的树叶和树干上。显然，成年疟蚊对建筑物中喷洒的DDT已经产生了足够的抗药性，能够成功脱逃并在室外休息和恢复。几个月之后，它们就能够在喷过DDT的房屋之内停留，甚至停在刚喷过药的墙壁上。

上述情况其实只是目前严峻形势的前兆。旨在消灭疟疾的室内喷药计划使得疟蚊对杀虫剂的抗药性以惊人的速度增强。1956年拥有抗药性的疟蚊只有5种，至1960年初已经变成28种！这其中就包括几种在西非、中美、印度尼西亚和东欧等地非常危险的疟蚊。

传播其他疾病的蚊子也出现了同样的情况。一种携带橡皮病病原寄生虫的热带蚊子在世界多地均被发现具有极强的抗药性。在美国的一些地区，传播西方马脑炎的蚊子也出现了抗药性。更为严重的问题与传播黄热病的蚊子相关。几个世纪以来，黄热病都是世界上最严重的瘟疫之一。目前，东南亚地区和加勒比海地区传播黄热病的蚊子已普遍出现抗药性。

来自世界各地的报告显示，抗药性对疟疾和其他疾病都造成了严重影响。1954年，特立尼达岛黄热病大暴发，就是因为蚊子出现抗药性而导致防控失败。在印度尼西亚和伊朗,疟疾的形势变得更加严峻。在希腊、尼日利亚和利比里亚,蚊子依然携带和传播疟原虫。格鲁吉亚通过防控苍蝇减少了腹泻病的发作,但防控效果仅维持了一年。埃及通过短期防控苍蝇使急性结膜炎的患者减少,但效果仅持续至1950年。

佛罗里达的盐沼蚊也产生了抗药性,虽不会危及人类健康,却造成了难以衡量的经济损失。盐沼蚊并不传播疾病,但它们成群结队出现并吸食人血,导致佛罗里达海岸的广袤区域无法居住。经过艰难的控制,这一情况有了短暂改善,但很快又恢复如初。

各地的普通家蚊也在产生抗药性,因而许多正在定期大规模喷药的社区应该就此收手。如今,在意大利、以色列、日本、法国和美国部分地区(加利福尼亚州、俄亥俄州、新泽西州和马萨诸塞州),家蚊已经对若干种杀虫剂(其中有使用最广泛的DDT)产生了抗药性。

蜱虫也是一个问题。科学家发现,传播斑疹热的木蜱产生了抗药性,而褐色犬蜱的抗药能力早已稳定且全面。这种情况对人类和狗来说都不是好消息。褐色犬蜱是一种亚热带蜱虫,如果它出现在新泽西州这样的北方地区,只能躲在有暖气的室内过冬。美国自然历史博物馆的约翰·C.帕里斯特在1959年的夏天发布报告说,他和同事们经常接到附近中央公园西区居民打来的电话。他说:“时不时就会有整栋公寓都布满蜱虫幼虫且极难清除。狗在中央公园染上蜱虫,蜱虫继而在它们身上产卵、在公寓内孵化。它们似乎对DDT、氯丹和大部分我们使用的杀虫剂都有免疫力。过去,纽约市很少能够见到蜱虫,但是现在,不只是纽约,长岛、韦斯切斯特甚至康涅狄格州都出现了蜱虫的身影。在最近五六年中,这种情况特别明显。”

遍布北美的德国小蠊(一种小个头蟑螂)已对氯丹产生了抗药性。曾经,氯丹是灭虫者们的最爱;现在,他们只好改用有机磷杀虫剂。然而,科学家最近发现,德国小蠊对有机磷杀虫剂也产生了抗药性,灭虫者们对下一步该怎么办感到很迷茫。

由于昆虫的抗药能力不断增强,虫媒传染病防控机构不得不用一种杀虫剂代替另一种杀虫剂来解决问题。不过,即使化学家们能够源源不断发明出新的药剂,此法亦非长久之计。布朗博士曾指出,人类目前行驶在“单行道”上,没有人知道这条路有多长。如果在到达死胡同之前仍旧没能有效控制携带病菌的昆虫,那人类的处境就相当危险了。[2]

[2]“轰隆隆的雪崩声”正在迫近,昆虫的抗药性在增强,人类可以说已经摧毁了自身抵御疾病的能力。

那些为害庄稼的昆虫同样也产生了抗药性。

除了对早期无机化学药剂产生抗药性的10余种农业害虫外,现在又有一大群昆虫对DDT、六氯化苯、林丹、毒杀芬、狄氏剂、艾氏剂以及被人类寄予厚望的磷酸盐类化合物产生了抗药性。1960年,产生抗药性的农作物害虫已达65种。

1951年,首例对DDT产生抗药性的农业害虫在美国现身,此时距离DDT首次投入使用已经过去了6年。或许,最棘手的应该是苹果卷叶蛾。全世界所有苹果产区的苹果卷叶蛾都出现了DDT抗药性。另一种棘手的昆虫是卷心菜害虫。美国多地发现,马铃薯害虫也产生了抗药性。6种棉花害虫、蓟虫、梨小食心虫、叶蝉、毛虫、螨虫、蚜虫、金针虫和其他许多昆虫,对农民的药物喷杀已经毫不在乎。

化学工业部门现在不愿意面对昆虫出现抗药性这一不愉快的事实,这一点不难理解。到了1959年,尽管对化学药物产生抗药性的重要昆虫已达百余种,一农业化学领域的主要期刊还在探讨昆虫的抗药性“是真实的还是凭空想象的”。然而，即使化学工业部门对此闭目塞听，问题也不会自动消失，甚至还带来了经济方面的损失，其中之一便是用化学药剂进行昆虫防控的成本越来越高。事先大批量储备杀虫剂的做法已经不再现实，因为今天的最佳杀虫剂，到了第二天可能就会完全失效。用于支持和推广杀虫剂的巨额投资很可能会打水漂，因为昆虫已经再一次证明：暴力绝不是对付自然的有效手段。不管杀虫剂的研发和使用方式更新速度有多快，昆虫总是能够抢先一步。

即使达尔文本人也不会发现比抗药性的产生更能证明自然选择作用的例子。即便来自同一个原始种群，每只昆虫的身体结构、行为和生理机能也会有很大的差异，只有“强大的”昆虫才能够抵抗住化学药剂的攻击而存活下来。药物杀害的是弱者，而那些天生具有逃离毒害的本领的昆虫存活下来，其后代通过简单的遗传就具备了天生的抗药性。这就不可避免地出现一种结果：用强力的化学药剂进行大规模喷洒，反倒使想要解决的问题变得更加糟糕。经过几代的繁衍发展，原本强者和弱者混生的种群被一个全体具有抗药性的“强大”种群所代替。

昆虫抵抗化学药剂的方法可能千差万别，人类很难做到全面彻底的了解。有人认为，一些昆虫依靠有利的身体结构免受化学药剂的影响，但是这种说法缺乏实际证据。然而，布雷约博士通过一些观察发现，有些昆虫确实天生具备免疫性。他在报告中写道，他在丹麦斯普林福比害虫防控研究所中观察到，大量苍蝇“在 DDT 的环境中追逐嬉戏，就像从前的男巫在炭火上跳舞”。

世界上其他地区也有类似报告。在马来西亚的吉隆坡，蚊子对DDT的最初反应是迅速逃离,但随着抗药性的产生,人们用手电筒可以清楚地看到它们停歇在DDT的沉积物表面。在中国台湾南部的一处军营里,一些具有抗药性的臭虫身上直接就带有DDT的粉末。人们将这些臭虫裹到一块浸满DDT的布里,结果它们存活了一个月之久,甚至还产了卵,孵化出个头大、身体壮的小臭虫。

不过,昆虫的抗药性不一定依赖于身体的特殊结构。对DDT有抗药性的苍蝇体内有一种酶,这种酶能够将DDT降解为毒性较低的DDE。但是,只有携带抵抗DDT遗传因子的苍蝇体内才会有这种酶。毫无疑问,这种酶也是源自遗传。至于苍蝇和其他昆虫如何对有机磷类化合物免疫,目前仍是未解之谜。

昆虫的一些活动习性也可以使其避免与化学药物进行接触。许多工作人员注意到,有抗药性的苍蝇倾向于停留在未喷药的地面上,极少会出现在喷过药的墙壁上。具有抗药性的家蝇也习惯停留在固定的未喷药区域,这样就大大减少了与残留毒素接触的次数。一些疟蚊的习性使其能够避免接触DDT,也就等于具备了免疫力。受到喷洒药剂的刺激后,这些疟蚊会飞离室内,到户外生存。

通常,昆虫产生抗药性需要两三年,不过有时只需要一个季度甚至更短的时间,当然,也有极端情况需要6年。一种昆虫在一年内繁衍后代的次数是非常重要的,这一点随种类和气候状况而不同。举例来说,加拿大苍蝇比美国南部苍蝇产生抗药性的速度要慢,因为美国南部夏季时间较长,炎热的天气适于苍蝇高速繁殖。

有时,人们会问一个满怀希望的问题:如果昆虫都能产生抗药性,人类为什么不行呢?这一点从理论上来说行得通,但这个过程可能需要几百年甚至几千年的时间,恐怕对当下的人来说并没有任何安慰。抗药性无法在单独的个体上产生。如果一个人生下来就比其他人更具有抗药能力的话,那么他就更容易活下来并繁衍后代。因此,抗药性是一种在一个种群中历经数代才能产生的能力。人类的繁衍速度大约为每世纪 3 代,而昆虫只需几天或几个星期就能繁殖下一代。

“昆虫给我们造成损失,我们是多少忍耐一下呢,还是尝试各种方法来灭杀它们以求得暂时安宁?依我看来,在某些情况下,前者要比后者明智得多。”布雷约博士在荷兰任植物保护局负责人的时候提出建议,“从实践中得出的建议是‘尽可能少喷药’,而不是‘竭尽所能多喷药’……施加给害虫种群的喷药压力应当尽可能减轻。”

不幸的是,美国农业部门对这个观点并不认可。农业部 1952 年的年鉴从头到尾都在探讨昆虫问题,承认昆虫正产生抗药性这一事实。不过,年鉴又认为,“为了全面防控昆虫,需要加大杀虫剂的使用剂量”。农业部门并没有讲,如果某种既能灭杀昆虫又能杀死其他一切生命的化学品没有经过试用的话,后果将会怎样。但在 1959 年,也就是该建议发布 7 年后,《农业和食品化学》杂志援引了康涅狄格州一位昆虫学家的话:仅仅对一两种昆虫做了最后的实验,新的化学品就已经问世了。

布雷约博士说:“很明显,我们走在一条危险之路上。……我们必须积极研究其他防控手段,首推生物手段而非化学手段。我们的目标是尽可能小心谨慎地将自然引回正轨,而不是暴力改变……

“我们需要更加理智的方式和更为长远的眼光,这也正是很多研究人员所欠缺的。生命是一个超越我们理解范畴的奇迹，即使我们不得不与之抗争，也应该对其心存敬意……借助杀虫剂这样的武器来灭杀昆虫，只能证明我们知识匮乏、能力不足，无法控制自然的变化发展，只能诉诸暴力，且收效甚微。科学需要的是谦虚谨慎，容不得一丝一毫的自大与自满。”

第十七章 另一条路

现在,我们正处于两条路的交叉口,但和人们熟悉的罗伯特·弗罗斯特的诗歌《未选择的路》中的道路不同,供我们选择的两条道路并非同样美好。我们长期以来一直行走的这条路很容易让人误以为是一条平坦、舒适且可以肆意驰骋的高速公路,但是,路的尽头等着我们的却是无尽的灾难。另一条"很少有人走过"的路却给我们提供了最后的、唯一的机会来保护地球。

归根结底,选择哪条路需要我们自己决定。如果在承受了多重灾祸之后我们终于开始维护自己的"知情权",如果在充分了解事情的真相之后我们终于知道自己在冒着可怕而愚蠢的风险,那我们就不该听信那些煽动我们继续用有毒的化学物质毒害地球的言论,而应该进行详细的调研,探寻是否还有其他路可供选择。

确实,除了化学药剂,可供选择的防控昆虫的方法还有很多。有些方法已经付诸实施并成效显著,有一些仍处于实验检测阶段,还有一些暂时存在于科学家的构想之中,在等待合适的时机投入实验。这些方法有一个共同点:它们是建立在对有机体及其所依存的生命世界有充分了解的基础之上的生物学方法。昆虫学家、病理学家、遗传学家、生理学家、生物化学家、生态学家都在凭借自身的知识和创造力积极推动形成新的生物防治学。[1]

[1] 这就是本章标题所说的"另一条路"。

约翰·霍普金斯大学的生物学家卡尔·P. 斯旺森教授说:"任何一门科学都像是一条河流。河流的源头模糊不清、平平无奇；河流时而平稳，时而湍急；时而枯竭，时而暴涨。在众多研究者的勤勉努力之下，加上其他思想源流的汇入，河流水势日渐迅猛。新的概念和理论使得河流愈发宽广、深邃。”

现代意义上的生物防治学正是如此。在美国，生物防治学发源于百余年前，那是人类首次尝试引入自然天敌对付农作物害虫。这门科学进展相当缓慢，有时甚至会止步不前；但它会在成功案例的刺激之下不时出现迅猛发展的势头。20 世纪 40 年代，应用昆虫学的研究人员在被新式杀虫剂搞得头晕目眩之后，纷纷摒弃生物防控办法，转而投入化学防控的“快车道”。然而，营造“没有昆虫的世界”已经成为不可能完成的任务。事实最终证明，不加节制地滥用化学药剂给人类造成的伤害远比对昆虫的伤害大得多，生物防治学的河流由于新的思想源流的汇入方才重新活跃起来。

一些新方法令人着迷，比如利用昆虫的力量让其与自身对抗——利用昆虫的生命力摧毁它的族群。其中，最令人赞叹的当属“雄性绝育法”，该方法是美国农业部昆虫研究所的负责人爱德华·尼普林博士及其同事提出的。

大约在 25 年前，尼普林博士提出来一种令同行大吃一惊的防控昆虫的独特办法。他推论说：“如果能使大量昆虫不育并将其投放出去，让这些不育的雄性昆虫在特定条件下与普通野生雄性昆虫竞争并胜出，那么，通过反复投放不育雄性昆虫，大量虫卵无法孵化，整个种群便会随之消亡。”

尽管这个观点遭到官方的无视和科学家的质疑，但尼普林博士从未放弃。在将想法付诸实施之前，首先要找到一种可行的使昆虫绝育的方法。从理论上讲，X 射线可能导致昆虫不育的事实早在 1916 年就广为人知了，当时，昆虫学家

G.A. 朗纳曾在报告中提及烟草甲虫的例子。20 世纪 20 年代末，赫尔曼·穆勒关于 X 射线能够引起昆虫基因突变的开创性工作为研究人员打开了一个全新的思想领域。到了 20 世纪中叶，众多研究人员在报告中提及用 X 射线或伽马射线对十几种昆虫进行了绝育。

但这些都只是室内实验，距离实际应用仍有漫长的路要走。1950 年前后，尼普林博士正式尝试用该方法来消灭美国南部主要的牲畜害虫——螺旋蝇。螺旋蝇会将卵产在恒温动物流血的外露伤口之上。孵化出的幼虫寄生在宿主身上，靠吸食宿主的血肉为生。一只成年的小公牛可能会因为严重感染而在 10 天内毙命。据统计，美国每年为此遭受的畜牧业损失高达 4000 万美元。野生动物的损失难以估计，但肯定非常严重。螺旋蝇还导致得克萨斯州多地鹿群数量骤减。这是一种热带或亚热带昆虫，主要分布在中美、南美和墨西哥，在美国通常局限于西南地区。约在 1933 年，螺旋蝇被意外引入佛罗里达州，那儿的气候使它们熬过冬天并大量繁殖，继而，它们又侵占了亚拉巴马州南部和佐治亚州。之后不久，东南部各州畜牧业每年遭受的损失便高达 2000 万美元。

过去几年，得克萨斯州农业署的科学家们收集了大量关于螺旋蝇的生物学情报。1954 年，在佛罗里达若干岛屿上进行了一些初步试验之后，尼普林博士准备在更大的范围验证自己的理论。为此，他与荷兰政府达成协议，前往加勒比海中与大陆相隔 50 多英里的库拉索岛。

1954 年 8 月，佛罗里达州农业署实验室中培育的绝育螺旋蝇被空运至库拉索岛，以每周每平方英里 400 只的频率进行空中投放。产在实验公羊身上的虫卵数量很快开始减少。仅仅 7 个星期之后，所有螺旋蝇产下的卵都无法孵化。很快，岛上再也找不到螺旋蝇的虫卵。库拉索岛上的螺旋蝇由此被消灭殆尽。

库拉索岛取得显著成果的实验引起了佛罗里达州牲畜饲养者们的关注，他们也想利用这个方法来消除螺旋蝇的灾害。虽然困难相对来说较大——佛罗里达州的面积是库拉索岛的 300 倍，但是，1957 年，美国农业部和佛罗里达州联合为螺旋蝇灭杀计划提供了资金。该计划包括：建造一个专门的“苍蝇工厂”，周产螺旋蝇约 5000 万只；20 架轻型飞机按照预定航线日飞行 5~6 个小时，每架飞机装载 1000 个纸盒，每个纸盒里盛放 200~400 只绝育螺旋蝇。

1957 年的冬天格外寒冷，严寒笼罩着佛罗里达州北部，为这项计划的实施创造了令人意外的良机：螺旋蝇不仅数量减少，且生活在一个特定的小区域内。17 个月后，计划基本完成，共 35 亿只人工培育的绝育螺旋蝇被投放到佛罗里达州以及佐治亚州和亚拉巴马州的部分地区。由螺旋蝇引起的动物伤口感染最后一次出现的时间为 1959 年 2 月。接下来的几个星期，有几只成年螺旋蝇落入动物伤口中，中了圈套，此后，螺旋蝇的身影便永久消失了。螺旋蝇在美国东南部绝迹，彰显了科学创新的宝贵价值、基础研究的缜密精细以及科学家们持之以恒与锲而不舍的精神。

如今，密西西比州设立了隔离屏障，努力阻止螺旋蝇从西南部地区卷土重来。西南部地区根除螺旋蝇的难度较大，不仅因为那里面积辽阔，也因为螺旋蝇有可能从墨西哥再度入境。虽然现实情况如此，但是考虑到螺旋蝇可能造成的巨大损失，农业部还是希望能够将螺旋蝇的数量控制在比较低的水平上，所以，得克萨斯州和西南部其他螺旋蝇猖獗的地区将持续推进该计划。

螺旋蝇防控计划取得的瞩目成绩激起了人们用类似办法防控其他昆虫的兴趣。当然,该计划不可能适用于所有的昆虫,它很大程度上取决于昆虫的生活习性、种群密度以及对辐射的反应。

英国人已经开始尝试用该办法防控罗德西亚(津巴布韦旧称)的采采蝇。采采蝇遍布非洲 1/3 的土地,给人类健康带来巨大威胁,同时使得 450 万平方英里树木繁茂的草地无法进行畜牧饲养。由于采采蝇与螺旋蝇的习性迥然不同,所以目前使采采蝇在辐射作用下绝育尚存在未攻克的技术性难题。

英国人对大量昆虫进行了辐射敏感度测试。美国科学家在夏威夷实验室和偏远的罗塔岛对西瓜蝇、东方果蝇、地中海果蝇开展了室内和野外实验,初步的实验结果令人振奋。同时,针对玉米螟和甘蔗螟的实验也在进行中。医学昆虫很可能都可以通过雄性绝育法进行防控。一位智利科学家指出,杀虫剂对该国的疟蚊根本不起作用,只有释放绝育雄蚊才能将其彻底清除。

由于辐射绝育的困难比较明显,人们开始寻找更简单的替代性办法,从而催生了化学不育剂的研究热潮。

在佛罗里达州奥兰多的农业署实验室里,科学家们将化学药剂掺入家蝇爱吃的食物中,对家蝇在实验室和野外进行绝育尝试。1961 年,在佛罗里达的一个小岛上进行的实验仅用 5 个星期就将岛上的苍蝇几乎全部消灭。虽然从邻近岛屿飞来的家蝇后来又在本地再次繁殖,但作为试点,实验结果无疑非常成功。不难理解,农业部对该方法前景的欣喜之情溢于言表。如我们所看到的,杀虫剂现在对家蝇已经完全失效,寻找全新的防控方法成为当务之急。但是,用辐射来造成昆虫不育的问题在于,绝育雄性昆虫不仅需要人工培育,其投放数量也要超过现有的野生雄性。用这种方法对付螺旋蝇有效,是因为其实际数量并不多。但是,投放比原有家蝇数量多两倍的绝育雄蝇可能会遭到人们的强烈反对,即使这个数量只是暂时的。然而,人们可以将化学绝育剂掺进饵料投放到苍蝇生存的自然环境中,苍蝇吃了之后便会绝育。最终,绝育苍蝇会在数量上占优势,进而导致整个种族灭亡。

化学绝育剂的实验要比有毒杀虫剂的实验更加困难。一种化学药物的评估期至少需要 30 天——这还是在许多实验可以同步进行的前提下。1958 年 4 月至 1961 年 12 月,科学家们在奥兰多的实验室里对数百种化学药剂的绝育效果进行筛查,尽管其中只有为数不多的几种具有绝育效果,但农业部似乎对此非常满意。

现在,农业部的其他实验室也纷纷开始研究这一课题,用化学药剂对厩螯蝇、蚊子、棉花象鼻虫和各种果蝇进行绝育实验。虽然这些工作仍处于实验阶段,但鉴于化学绝育剂开始研发的时间相对较晚,进展已经相当迅速。从理论上来说,化学绝育剂具有许多吸引人的特性。尼普林博士指出,有效的化学绝育剂“很可能会凌驾于最好的杀虫剂之上”。假设一个昆虫种群的数量为 100 万只,每繁衍一代数量就会增加到原本的 5 倍。如果一种杀虫剂可以杀死每一代昆虫的 90%,那么第三代以后仍有 2.5 万只昆虫。与之相比,如果使用一种能够使 90% 的昆虫绝育的化学药剂,第三代后可能只剩下 125 只昆虫。

这个方法当然也有副作用:有些化学绝育剂是烈性化

学药剂。幸运的是，在研发的早期阶段，大多数研究人员就留心发现安全的药剂和使用方法。尽管如此，仍有人呼吁从空中喷洒这些化学绝育剂，比如，洒向被舞毒蛾幼虫啃食的植物叶子。但是，在没有对这种危险行为的后果进行全面分析时就贸然采取行动是极度不负责任的做法。如果不将化学绝育剂的潜在危害谨记在心，我们就会很容易陷入比滥用杀虫剂更加可怕的境地。

目前正在进行测试的化学绝育剂分为两类，其发挥作用的方式都极为有趣。第一类与细胞的生命过程或新陈代谢密切相关，即它们的性质与细胞或机体组织所需要的某种物质极为相似，以致生物体将其“误认为”真的代谢物并将其纳入生长的过程。但是，一旦涉及某些具体环节，问题就会凸显，生命的过程便会终止。这类不育剂被称为抗代谢药。

第二类的作用对象是染色体。它们可能影响基因的化学结构并导致染色体分裂。这一类化学绝育剂是烷化剂，化学活性强，能够严重破坏细胞，危害染色体并造成基因突变。伦敦市切斯特·比蒂研究所的彼得·亚历山大博士认为，“任何能够导致昆虫不育的烃化剂必定是一种强诱变剂和致癌物”，任何此类化学物质被应用到昆虫防控方面都将是“受非议”的。因而我们希望，现在的这些实验不是为了直接将这些特殊的化学药剂付诸使用，而是由此找出安全且针对性更强的化学绝育剂。

当前研究中还有一些很有意义的方法，利用昆虫自身的生活习性来研究对付它们的武器。昆虫会释放出各种毒液、引诱剂和趋避剂。这些分泌物的化学性质如何呢？是否能够作为有选择性的杀虫剂来使用呢？康奈尔大学和其他地方的科学家们正在研究昆虫自保时的防御机能，分析其分泌物的化学结构,尝试给出上述问题的答案。还有一些科学家正在进行“返幼激素”的研究。这是一种强效化学物质,能阻止昆虫幼虫在发育到一定阶段时发生异变。

也许,在对昆虫分泌物领域的探索中,最有用的成果是引诱剂的发明。在此,大自然又一次给人类指明了方向。舞毒蛾便是个非常典型的案例。雌性舞毒蛾由于体重大而不能飞翔,只能在地面或贴近地面的地方生活,在低矮的植物之间穿梭或在树干上爬行。相反,雄性舞毒蛾善于飞翔,被雌蛾体内特殊腺体释放的芳香所吸引,能够从很远的地方飞来。昆虫学家们已经利用这种现象多年,努力从雌蛾体内提取了这种引诱剂。当时,人们将其用在舞毒蛾分布地带的边缘引诱雄蛾,从而进行数量统计。但是,这种办法的花费巨大。而且不论东北部各州宣称遭受的舞毒蛾虫害情况如何,其数量都不足以提取出足量的诱变剂。于是,人们不得不从欧洲进口人工采集的雌蛾蛹,有时每只蛹的售价高达 0.5 美元。经过多年努力,农业部的化学家们最近成功分离出了这种引诱剂,堪称一项巨大突破。继而,科学家们又成功从蓖麻油中提取成分,制成一种与引诱剂相似的合成物质。该物质成功骗过了雄蛾,具有与雌蛾分泌物差不多的引诱效果。人们只需要在捕虫器中放置 1mg 合成物质,引诱效果就会非常明显。

该突破的价值远超学术范畴,因为这种新型且经济的“舞毒蛾引诱剂”不仅可以应用在昆虫数量的统计调查上,还可以应用于昆虫的防控工作。现在,人们正在对其更具潜力的用途进行实验测试。在一项可以被称为心理战的实验中,人们将该引诱剂做成微粒状物质进行空中投放,目的在于迷惑雄蛾并干扰其正常行为,使其无法找到真正的雌蛾。旨在引导雄蛾寻找假的雌蛾结成配偶进行交配的实验中也用到了该方法。在实验室内,雄性舞毒蛾已经企图与浸过适量引诱剂的木片、蛭石或其他无生命的物品进行交配。用这种方式误导雄性舞毒蛾的求偶交配,遏制其孕育,是否会减少其种群数量,仍然有待证明,但是,这为我们提供了一种有趣的可能性。

舞毒蛾引诱剂是第一种人工合成的昆虫引诱剂,不过,其他引诱剂很可能很快就会出现。现在,科学家正在对多种农业害虫受人工合成引诱剂影响的情况进行研究。针对小麦瘿蚊和烟草天蛾的研究已经取得了令人振奋的成果。

现在,人们正尝试用引诱剂和毒药混合的办法进行一些昆虫的防控。政府部门的科学家研制出了一种名为“丁香酚甲醚”的引诱剂,对东方果蝇和西瓜蝇的杀伤力很大。在距离日本南端 450 英里的小笠原群岛上,人们将浸满丁香酚甲醚与某种毒药混合溶液的纤维板空投向整个群岛,用以引诱并杀死雄性苍蝇。该“雄蝇灭杀”计划始于 1960 年,一年之后,农业部估算被消灭的苍蝇达到了 99%。这一方法明显比传统的大范围农药喷杀更具优越性。这种方法中使用的有机磷毒素仅附着在纤维板上,不会被野生动物吞食。况且,有机磷毒素的残留能够迅速挥发,不会污染土壤或水源。

不过,昆虫并非都借助于产生吸引或排斥效果的气味来实现交流。声音也可以成为报警或引诱的手段。有些飞蛾能够听到飞行中的蝙蝠发出的连续不断的超声波(像雷达系统一样引导蝙蝠在黑暗中飞行),从而免于被捕捉。寄生蝇飞临的振翅声对锯齿蝇的幼虫是一个警告,使它们聚集在一起进行自保。另一方面,某些钻蛀类害虫发出的声音会使它们的寄生生物循声前来。同样,对于雄蚊来说,雌蚊的振翅声就像海妖的歌声一样悦耳动听。

如果真是这样,我们能够利用昆虫这种对声音分辨和做出反应的能力做些什么呢?这一研究虽然还处于实验阶段,但非常有趣的是,通过播放雌蚊飞行声音的录音来引诱雄蚊已初步成功。受到诱惑的雄蚊会飞到电网上被杀死。加拿大有人正进行实验,用突然发出的超声波驱赶玉米螟和夜盗蛾。研究动物声音的夏威夷大学的休伯特·弗林斯和梅布尔·弗林斯教授相信,只要能发现一把适当的钥匙,打开藏着昆虫声音的产生与接收的知识的宝库,就一定能找到用声音来影响昆虫行为的野外工作方法。他们发现,椋鸟在听到同类惊叫声的录音后会吓得四散逃窜。这一发现的影响非常大,可能同样适用于昆虫。对于熟悉工业领域的实干者来说,这点可能性看来是完全可以实现的,至少有一家大型电子公司正准备建立实验室进行测试。

声音也作为灭杀昆虫的“武器”被科学家们关注。超声波能够杀死实验水箱中的所有蚊子幼虫,但也同时杀死了其他水生生物。在其他实验中,绿头苍蝇、粉虱和黄热病蚊在数秒内就被超声波消灭。所有这些实验都只是向着昆虫防控的全新理念迈出的第一步。有朝一日,神奇的电子科技会使这些理念变成现实。

防控昆虫的新办法并非一味依赖电子科技、伽马射线和其他新式人类智慧的结晶。有些方法由来已久,其依据是昆虫也会像人一样生病。细菌感染可以像鼠疫在人群中肆虐一样毁灭昆虫的种群,病毒发作时大批昆虫患病并死亡。早在亚里士多德时代人们就已经知道昆虫也会生病,因为桑蚕生病曾出现在中世纪的诗文之中。通过研究桑蚕疾病,巴斯德率先提出了传染病的原理。

昆虫不仅会受到病毒和细菌的侵扰,还会受到真菌、原生生物、微小的蠕虫和其他肉眼不可见的微生物的侵害。这些微小生命不仅包括致病的有机体,也包括那些能够分解垃圾、肥沃土壤以及参与发酵和硝化等生物过程的有机体,所以它们算是人类的盟友。我们为什么不让它们在昆虫防控方面助我们一臂之力呢?

最早设想利用微生物进行防控的人是19世纪的动物学家埃利·梅契尼科夫。从19世纪的最后几十年到20世纪上半叶,微生物防控理念日趋成熟。20世纪30年代末,利用病原菌芽孢引起的乳白病防控日本金龟子取得成功,首次明确了可以通过引入疾病对某种昆虫进行防控。正如本书的第七章所言,这一细菌防控的典型案例在美国东部已有相当长的历史。

现在,人们对另一种细菌——苏云金芽孢杆菌期望颇高。1911年,在德国中部的图林根,人们发现该细菌能够使粉蛾幼虫感染致命的败血症。事实上,该细菌的致命之处在于其毒性,而不是致病性。这种细菌芽杆内产生的芽孢和随同孢子产生的蛋白质晶体对某些昆虫,尤其是鳞翅目的昆虫幼虫来说是剧毒。幼虫一旦食用含有这种毒素的植物,不久就会浑身麻痹、停止进食并很快死亡。从实用的角度考虑,能让昆虫停止进食是该细菌的一大优势。只要将该病原菌投入农田,农作物就会停止受损。美国一些公司正在研发各种苏云金芽孢杆菌化合物。还有一些国家正在展开野外测试:法国和德国对菜粉蝶幼虫进行测试,南斯拉夫在测试美国白蛾,苏联测试天幕毛虫。巴拿马的相关测试开始于1961年,该细菌杀虫剂有望解决蕉农所面临的一些严重问题。根蛀虫对香蕉的危害很大,被其啃食过根部的香蕉树很容易被风吹倒。狄氏剂曾是对付根蛀虫唯一有效的杀虫剂，却引发了一系列灾难事件。根蛀虫产生了抗药性，加之狄氏剂消灭了一些重要的捕食性昆虫，导致香蕉卷叶虫的数量暴增。香蕉卷叶虫短小、坚硬，幼虫会啃食蕉叶。人们自然期待一种新型的微生物杀虫剂，既能够同时消灭根蛀虫和香蕉卷叶虫，又不会破坏生态平衡。

在加拿大和美国东部林区，细菌杀虫剂也许是对付云杉食心虫和舞毒蛾等森林害虫的重要手段。1960 年，这两个国家开始用苏云金芽孢杆菌的商业试剂进行野外测试，且收到了鼓舞人心的试验结果。例如，在佛蒙特州，细菌杀虫剂的防控效果堪比 DDT。现在，主要的技术难题是需要发明一种能够作为载体的溶液，可以将细菌孢子黏到常青树的针叶上。对于农作物来说，药粉也可以生效，所以不存在这个难题。目前，人们已经开始在各种蔬菜上尝试使用细菌杀虫剂，其中加利福尼亚州的使用情况尤其普遍。

同时，还有一些不太引人瞩目的工作是围绕病毒展开的。人们在加利福尼亚州的不少苜蓿苗田中喷洒了一种物质，是用从苜蓿粉蝶的尸体中提取的病毒制成的剧毒溶液，这种物质在灭杀苜蓿粉蝶方面，威力与杀虫剂不相上下。从 5 只苜蓿粉蝶尸体中提取的病毒足以用于 1 英亩苜蓿苗田。在加拿大林区，一种能够有效防控松树锯齿蝇的病毒的效果甚至超过了杀虫剂。

捷克斯洛伐克的科学家们正在尝试用原生动物来防控结网毛虫和其他害虫。在美国，一种寄生性的原生动物已被用来遏制玉米螟的产卵能力。

有些说法认为，微生物杀虫剂可能会危害其他生命，从而带来细菌战争。然而事实并非如此。与化学药剂不同，昆虫病菌仅对目标昆虫有效,对其他生物都是无害的。昆虫病理学的权威爱德华·施泰因豪斯博士强调:“无论是在实验室还是在野外,从没有过一次昆虫病菌导致脊椎动物罹患传染病方面的记录。”昆虫病菌靶向如此明确,以至于它们只会对一小部分昆虫甚至一种昆虫有效。正如施泰因豪斯博士所说,昆虫疾病只会在昆虫之间传播和肆虐,既不会影响宿主,也不会影响以昆虫为食的其他动物。

昆虫的自然天敌众多,既有种类繁多的微生物,也有其他昆虫。人们公认的第一个提出通过增加昆虫天敌来防控某些害虫的人是英国植物学家伊拉斯莫斯·达尔文(进化论创始人查尔斯·达尔文的祖父),他在1800年前后就提出了通过培养昆虫的天敌进行昆虫防控的构想。或许因为该生物防控办法提出的时间最早,人们已经普遍接受了用一种昆虫防控另一种昆虫的理念,甚至误以为这是化学药剂的唯一替代方法。

美国将生物防控作为防治害虫的常规方法始于1888年。当时,艾伯特·科贝利博士跟随众多昆虫学家的脚步,前往澳大利亚寻找严重威胁加利福尼亚州柑橘业的蚧壳虫的天敌。本书第十五章提到,该项任务取得了令人瞩目的成就。在之后的一个世纪里,美国人在全世界搜寻能够遏制某些昆虫的自然天敌,先后引进了约100种捕食性昆虫和寄生性昆虫。除了由科贝利引进的澳洲瓢虫之外,其他引进的昆虫也都很成功。一种从日本引进的黄蜂能够彻底控制危害东部苹果园的害虫。带斑点的紫花苜蓿蚜虫(意外从中东引进)的几种天敌拯救了加利福尼亚州的苜蓿产业。寄生性和捕食性昆虫在舞毒蛾的防控方面也成效显著。春臀钩土蜂控制日本金龟子的效果也非常好。据估计,蚧壳虫与粉蚧的生物防控每年可以为加利福尼亚挽回数百万美元的损失——该州权威昆虫学家保罗·德巴赫曾估计,加利福尼亚州在生物防控中投入400万美元,赢得的回报已经高达1亿美元。

世界上大约40个国家都有通过引进昆虫天敌成功防治虫害的案例经验。与化学药剂相比,这种防控办法的优势非常明显:成本低廉且防控效果持久,不会造成毒素残留。但是,生物防控手段一直缺乏长期的政策支持。事实上,加利福尼亚州是美国各州中的特例,许多州甚至连一位致力于该项目的昆虫学家都没有。也许因为没有政策支持,用昆虫天敌进行生物防控的工作缺乏最基本的科学严密性——没有关于害虫种群数量变化的精确研究,也没有关于昆虫天敌精准投放量的研究,而后者往往决定着防控效果成功与否。

捕食性昆虫和被捕食的昆虫都不会单独存在,它们都是巨大的生命之网的一部分,而网络中的一切元素都需要纳入考虑范围。也许,传统的生物防控办法在森林中更有效。现代农业中,农田高度人工化,与想象中的自然状态已大不相同。不过,森林更接近于自然环境,人类的介入最少、干扰最小,因而大自然可以按本来的面目发展,自行建立起美妙而又复杂的抑制和平衡系统,保护森林免遭昆虫的过度伤害。

美国的林业人员似乎主要想通过引入捕食性昆虫和寄生性昆虫来进行生物防控。加拿大人的眼光则比较长远,而一些欧洲人却更加了不起,他们大力发展“森林卫生学”,其发展程度令人吃惊。鸟类、蚂蚁、森林蜘蛛和土壤细菌同树木一样,都是森林的一部分。在这种观点的指导下,欧洲育林人会在新林区中统筹规划这些保护性因素。第一步,采取措施吸引鸟类前来。在当下加强森林管理的过程中,老的空心树消失,啄木鸟和其他在树上营巢的鸟类从而失去了栖身之所。这一缺陷将用鸟巢箱来弥补,吸引鸟儿们重返森林。还有专门为猫头鹰和蝙蝠设计的巢箱,便于它们接替白天活跃的鸟类的“工作”,继续捕食昆虫。

不过,这仅仅是开始。欧洲森林中最令人着迷的生物防控工作是充分利用森林红蚁这种攻击性很强的捕食性昆虫。很可惜,北美地区没有发现该红蚁品种。约25年前,德国维尔茨堡大学的卡尔·格斯瓦尔德教授研究出培育森林红蚁、发展蚁群的方法。在他的指导下,德国境内约90个试验区培育出10000多个森林红蚁群。意大利和其他国家纷纷效仿,采用格斯瓦尔德教授的方法建立蚂蚁农场,培育红蚁并将它们投放到森林之中。在亚平宁山区,人们已经培育了数百个红蚁群以保护再造林。

德国默尔恩市的林业官员海因茨·鲁伯特霍芬博士说:“只要林区中同时有鸟类和蚂蚁的保护,再加上一些蝙蝠和猫头鹰,生态平衡便能够得到基本改善。”他还认为,单一地引进某种捕食性昆虫或寄生虫进行防控,效果不如各种“天然伙伴”的联合行动。

在默尔恩的森林中,人们拉起铁丝网以保护新投放的森林红蚁,避免它们被啄木鸟吃掉,数量减少。在采用这种办法的试验区内,啄木鸟在10年内数量增长了4倍。这不仅没有导致红蚁的数量下降,反而因为啄木鸟啄食树上的蛀虫而取得了令人意外的效果。照料蚁群和鸟巢箱的工作由当地学校10~14岁的孩子组成的少年团来承担。这种做法不仅能够永久性地保护森林,而且花费相当少。

鲁伯特霍芬博士工作中另一个极为有趣的地方是对蜘蛛的利用,可谓开创先河。现存的大量关于蜘蛛分类学和蜘蛛发展历史方面的文献都是支离破碎的，完全没有论述它们在生物防控方面的价值。在目前已知的22000种蜘蛛中，德国原生的有760种（美国原生的约2000种）。德国的森林中栖息着约29种蜘蛛。

对于林业人员来说，蜘蛛最重要的特点是它们会编织网。其中，圆网蛛的车轮状网最为重要，因为这种网的网眼细密，能够捕捉任何飞虫。一个长圆金蛛编织的大网直径可达16英寸，网上约有12万个黏性网结。一只蜘蛛在其生存的18个月中可平均消灭2000只昆虫。一片生态保持平衡的森林中每平方米应该有50~150只蜘蛛。在那些蜘蛛数量比较少的地方，人们可以通过收集和投放卵囊进行弥补。鲁伯特霍芬博士说："3只横纹金蛛（美国也有此类蜘蛛）的卵囊可以孵化出1000只蜘蛛，这1000只蜘蛛能够捕捉20万只飞虫。"在春天出现的小巧、纤细的圆网蛛幼蛛尤为重要，"它们会在树梢上吐丝，结成一个伞状的网盖，能够保护枝头的嫩绿新芽免遭飞虫的侵害"。随着这些蜘蛛蜕皮并长大，蜘蛛网也会越织越大。

加拿大的生物学家展开了与德国科学家类似的研究，尽管两地实际情况有些差异，比如北美的森林多数为天然林而非人造林，能够维系森林生态平衡的昆虫物种也有所不同。加拿大人的研究重点在于小型哺乳动物，因为它们在防控某些昆虫方面的能力惊人，尤其是防控那些生活在森林松软湿润的土壤中的昆虫。其中一种昆虫是锯齿蝇，因雌蝇长着锯齿状的产卵器而得名。雌蝇会用产卵器剖开常青树的针叶，将卵产入其中。幼虫孵化后就会落在地面上，在落叶松、云杉或者松树的腐叶层变成蛹。然而，森林的地下犹如蜂巢一般，白足鼠、田鼠和鼩鼱纵横交错。在这些贪吃的打洞者之中,鼩鼱能够发现和吃掉大量锯齿蝇蛹。吃蛹时,鼩鼱把一只前脚放在蛹上,先咬出一个洞,这样就能识别出蛹是空的还是实的。鼩鼱的胃口惊人,一天大约能吃掉 200 个蛹,有的甚至一天能够吃掉 800 个。实验室的研究结果显示,鼩鼱能够消灭掉 75%~98% 的锯齿蝇蛹。

如此看来,纽芬兰岛上的居民格外青睐这些能干的小型哺乳动物便不足为奇了。岛上饱受锯齿蝇肆虐之苦,但由于没有原生鼩鼱,岛上居民于 1958 年尝试引进了锯齿蝇的捕食天敌——中鼩鼱。加拿大官方 1962 年时发布消息,确认此举大获成功。中鼩鼱大量繁殖,在岛上四处扩散。有些做过标记的中鼩鼱甚至出现在距离投放点 10 英里远的地方。

对于林业人员而言,想要永久保护森林、维系自然的平衡,可以选择的"武器"种类繁多。利用化学药剂来防控森林害虫只能算是权宜之计,不仅无法解决根本问题,还会毒死森林小溪中的鱼,引发各种虫害,破坏大自然的平衡,并且毁掉我们竭尽全力引进的自然防控措施。鲁伯特霍芬博士说过,这些暴力防控的手段会"导致森林生态平衡被打破,寄生性虫灾的出现日益频繁……因而,我们必须放弃这些违背自然规律的、粗暴的防控措施,禁止用它们去控制对我们而言至关重要且稀有的自然生存空间。"

其他生物与人类一起共享地球家园,为了维护平衡,人类提出各种全新的、富有想象力和创造性的方法,其中始终贯穿着一个主题:我们在与鲜活的生命打交道。这些生命面对压力时会反抗,种群会繁荣也会衰退。只有认真对待这些生命,小心翼翼地引导它们朝着对人类有益的方向发展,才能实现人类与其他生物的和谐相处。

当前,化学药剂的滥用并没有考虑到这些最根本的问

[2]将化学药剂比作山顶洞人使用的棍棒，充分显示出此方法的落后与低端。

题。如同山顶洞人所使用的棍棒一样，化学药剂作为一种低端“武器”被肆意洒向各种生命。[2]一方面，这些生命纤弱、抵抗力不强；另一方面，它们又具有出乎意料的韧性和恢复能力，能够以特别的方式进行反击。滥用化学药剂缺乏“高度理智的方针”和人道主义精神，缺乏面对生命的敬畏之心，忽视了生命的非凡之处。

“控制自然”是人类傲慢自大的写照，是生物学和哲学还处在发展的初级阶段时的产物。过去，人们认为大自然存在的意义便是服务于人类。应用昆虫学的一些观念和做法多半源自自然科学的启蒙时期。不幸的是，启蒙时期的科学竟然被最现代、最可怕的“武器”武装起来了，人类利用这些“武器”来毁灭昆虫，也会毁灭整个地球。